U0343741

严选之味

02.

知ればもっとおいしい!
食通の常識

厳選紅茶手帖

无茶不欢

〔日〕山本洋子——著

梁辰——译

中信出版集团

图书在版编目（CIP）数据

无茶不欢 / (日) 山本洋子著；梁辰译 . -- 北京：
中信出版社 , 2018.8
　　ISBN 978-7-5086-8847-3

　　I. ① 无… 　II. ① 山… ② 梁… 　III. ① 红茶 - 基本知
识 　IV. ① TS272.5

中国版本图书馆 CIP 数据核字 (2018) 第 069724 号

GENSEN KOUCHA TECHOU
Copyright © Sekaibunka-sha, 2015
Chinese translation rights in simplified characters arranged with SEKAI BUNKA SHA
through Japan UNI Agency, Inc., Tokyo
Simplified Chinese translation copyright © 2018 by CITIC Press Corporation
本书仅限中国大陆地区发行销售

无茶不欢

著　　者：[日] 山本洋子
译　　者：梁　辰
出版发行：中信出版集团股份有限公司
　　　　　（北京市朝阳区惠新东街甲 4 号富盛大厦 2 座　邮编　100029）
承　印　者：北京利丰雅高长城印刷有限公司

开　　本：787mm×1092mm　1/32　　印　　张：6　　　字　　数：113 千字
版　　次：2018 年 8 月第 1 版　　　　印　　次：2018 年 8 月第 1 次印刷
京权图字：01-2018-4407　　　　　　　广告经营许可证：京朝工商广字第 8087 号
书　　号：ISBN 978-7-5086-8847-3
定　　价：49.00 元

目 录 CONTENTS

※ 中英对照
Column : 专栏, 介绍红茶相关知识和趣闻。

本书特色及使用方法

○ 本书从红茶的传统产地印度大吉岭到新兴产地尼泊尔，对现在热门的红茶茶园进行了分区介绍。
○ 本书是一本生动的红茶图鉴，通过本书能直观地了解红茶茶叶和茶汤的颜色。
○ 本书从新的视角出发，在纵向品鉴中，着重分析采摘自不同优品季节（quality season）的红茶的特点；在横向品鉴中，则着重比较采摘自同一时期，但品种不同的红茶的特点。
○ 通过本书可以快速了解世界各种品牌罐装红茶的历史。
○ 本书还介绍了红茶专卖店中最新的畅销红茶品牌。
○ 本书对红茶的冲泡方法进行了详细说明，并公开了各种冷萃茶、奶茶的冲泡方法。
○ 本书还提供了可以快速查询红茶用语和产地的"红茶用语辞典"。
○ 阅读本书，可以在品尝红茶的同时简明扼要地了解与生产商、经销商等有关的小知识。

分地域介绍印度、尼泊尔、斯里兰卡、中国、非洲国家、日本的茶园。

简单说明该茶园或所生产红茶的特征。

讲解红茶术语的"红茶用语辞典"。

用汉语和英语标注茶园名、国名、地区名。

提供茶园特点和地理、气候等数据。集中介绍在不同历史背景下，人们对茶树栽培和制茶方法等的独特追求，以及不同品种红茶的味道与香气，并附带对茶园信息及其主要造诣的说明。

标明品种名称，附带茶叶和茶汤颜色的照片，介绍红茶的香气、风味、茶汤颜色等特征。本书中红茶茶汤颜色的照片，全部在以下同等条件下拍摄——茶叶3克，水量200毫升，冲泡时间2分钟。

记载红茶的采摘时间、茶树种类、茶叶等级、不含消费税的价格，以及颜色、香气、味道等信息。

介绍经销商推荐的饮用方法。

☕ ……推荐的饮用方式
🏠 ……推荐的水量
🌿 ……推荐的茶叶量
🕐 ……推荐的冲泡时间

记载茶园的所在位置、海拔高度、是否取得日本JAS（Japanese Agricultural Standard，日本农业标准）认证等基本信息，还有经销商及其联系方式。

7

什么是红茶

红茶是一种从栽培到发酵都由生产者来完成的农作物。

气候条件、环境、土壤以及季节、采摘方法、发酵程度，共同决定了红茶的味道。我们将出产最美味的红茶的季节称为"优品季节"。红茶与绿茶一样，按优品季节不同，分为春摘茶（新茶初次采摘）、夏摘茶（第二次采摘）、秋摘茶（第三次采摘）。另外，春季采摘的新茶由于茶味清淡鲜甜，也用一种红葡萄——"歌海娜"的名字来命名。与春摘茶不同，夏摘茶因沐浴了夏日充足的阳光而散发出独特的水果香气；秋摘茶的滋味则香醇浓厚。由此可见，每个季节的红茶都有不同的个性。

不同的采摘方式也会导致红茶味道不同。虽然日本以机械化采摘为主，但在其他著名的红茶产地中，人工采摘才是主流。不过，随着近年来茶树品种的不断改良和技术的日益革新，日本的许多茶园也

马凯巴利茶园（Makaibari）位于印度西孟加拉邦大吉岭地区，占地面积6.7平方千米，约为东京巨蛋体育馆的145倍。茶园面积的4成（2.7平方千米）为茶田，其余6成（4平方千米）为原始森林。林中栖息着老虎、豹子、鹿、山羊、野鸟等多种野生动物。茶园主人认为：每一种、每一只动物都是茶园生态系统的有机组成部分；为了维持茶园的生态平衡，不能随意捕杀动物，而应该尽量保持动物的自然生存状态；保护生态系统，让动物能够在茶园里自在地生活，只有这样的茶园才能生产出上等的红茶。因此，马凯巴利茶园40年来从不使用农药和化肥。在马凯巴利茶园中，偶尔还可以看到被称为"红茶之神"的木叶虫出没。

转变了栽培方式，不再使用机器，而转向人工栽培。

尽管红茶是重要的农产品，但店铺里出售的红茶却多是具体采摘时间不明、产地不明的拼配茶。这些红茶先是从印度、斯里兰卡等生产地，通过船只被远送至欧洲各国，经过混合后，再在包装上印上各种品牌，发往世界各地。为了不让味道发生变化，在这一过程中，生产者对红茶进行了各种各样的加工。

红茶分四季，每个季节的红茶都自有其独特的滋味。

好的红茶生产者会思考怎样让消费者品尝到最美味最新鲜的红茶。

另外，到成为成品红茶为止，茶叶一次都不能清洗。这和酿造葡萄酒的葡萄是一样的。

红茶的采摘季节

红茶的香气与味道会随着季节变化有所区别。

从12月到次年3月为大吉岭地区的低温期，茶园通常处于休眠状态。到了3月中旬，等待已久的茶树开始长出嫩芽。这些储存了很多能量的嫩芽日后便会成长为春摘茶。春摘茶的特征是绿色嫩芽居多，茶叶味道温和清香，茶汤呈淡淡的金黄色，有清爽的香气，这种清爽的香气被称为"微绿"。

春季采摘之后，疲倦的茶树进入休养生息阶段，直到下一个优品季节——夏摘茶时期来临。夏摘茶的茶叶比较小，而且比春摘茶的茶叶稍硬一些。如果被小绿叶蝉咬过，会散发出麝香葡萄的香气，所以此类夏摘茶也被称为"麝香葡萄"。另外，夏摘茶的茶汤一般呈明亮的橙色。

随着夏季结束，告别雨季后，气温开始下降。秋摘茶缓缓生长起来，而且比前两种茶叶更硬。秋摘茶的味道最成熟，香气与洋酒类似，尤为醇厚浓郁。秋摘茶的茶汤一般呈比较深的古铜色。

春 春摘茶
（3月中旬～5月上旬）

夏 夏摘茶
（5月中旬～7月上旬）

秋 秋摘茶
（9月～11月中旬）*

※采摘时间因茶园而异。

红茶的品鉴

红茶与咖啡不同，生产者培育茶叶并进行采摘后，马上要对茶叶进行发酵。这与制造红酒的过程非常相似。同红酒一样，自然栽培的红茶逐渐受到青睐，故而如今各个茶园也逐渐向有机栽培转变。

这款大吉岭红茶的原料只有马凯巴利茶园的红茶和水。为了使消费者品尝到色、香、味俱全的红茶，需要花三天时间进行萃取。这种红茶拥有花的香气和华丽且香甜醇厚的味道，饮用时既可以感受其清爽滋味，又不失深厚底蕴。同时，倒入红酒酒杯中进行品尝的设计发挥了其真正价值。这款红茶没有添加任何防腐剂、香料、保存剂，需要冷藏贮存。

皇家大吉岭拉贾 豪华版
（Royal Darjeeling Rajah deluxe）
品级：FTGFOP　2800日元/750毫升＊
详询：皇家蓝茶日本股份有限公司（Royal Blue Tea Japan Co., Ltd.）
http://www.royalbluetea.com

纵向品鉴 **感受不同生产年份的红茶**

2014 年的春摘茶	VS	2015 年的春摘茶

对比品尝分别生产于 2014 年与 2015 年的同等级的春摘茶也是一种乐趣。红茶随着时间的推移会慢慢发酵，味道也会更加醇厚。

＊本书中所有所示价格均不含消费税。1 日元约合人民币 0.0579 元，仅供参考。

横向品鉴 **感受生产于同一年份，但品级与等级不同的红茶**

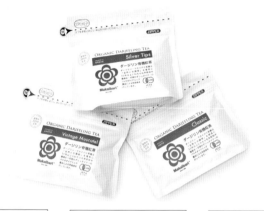

2014 银针
（Silver Tips）
夏摘茶

2014 马斯喀特
（VintageMusatel ）
夏摘茶

2014 经典红茶
（Classic）
夏摘茶

银针

马凯巴利茶园出产的等级为 最 高 级 FTGFOP-1S 的银针，是采用手摘手捻的工序制造的、以茶树新芽为主的红茶。对茶田的倾斜程度、日照时间及制造工序都有严格的要求。2700 日元/50 克。

马斯喀特

等级为 FTGFOP-1S 的马斯喀特精选自高品质茶园的"一芽二叶"，制作中先进行人工采摘，后由机械完成其他工序。马斯喀特从揉捻、发酵到干燥全部基于传统制茶技术。从这种茶叶中可以直观地感受到不同季节出产的红茶所具有的不同香气与味道。2700 日元/100 克。

经典红茶

马凯巴利茶园出产的等级为高级 FTGFOP 的经典红茶，先由人工采摘，再由机械完成其他工序，是茶园所采摘到的最高品质的茶叶（前文中的银针与马斯喀特除外）。1800 日元/100 克。

13

红茶的运送

如今在日本也可以买到单品茶*
（single estate tea）。

新鲜

可以品尝到从产地空运来的、
没有时差的新鲜滋味。

茶树的杂交、改良等技术让
茶叶的品质更高，并且愈发
魅力十足。

品鉴

经过品鉴的
特选红茶
经销商和进货商悉心品鉴多种
红茶，从中精选出的优质红茶
会被运往日本的红茶专卖店。

*单品茶指的是同一茶园出产的，没有与其他茶园的茶混合的茶。

红茶产业如今仍在不断发展

红茶专卖店搜罗了来自不同茶园、在不同时期采摘、用不同制茶法制造的红茶,可供消费者尝试性地少量购买。详情请参考p.132。

优选

优选茶包的
登场

以前,茶包是廉价茶的代名词,现在却有了装有高级整叶茶的正四面体茶包。购买这些茶包就可以更加方便地品尝到一杯优质红茶了。详情请参考p.148。

优质

日本著名瓷器品牌则武(Noritake)的无价之白(cher blanc)系列茶壶及茶杯体现了这个品牌一贯的优雅品位。茶壶不仅轻巧、耐用,壶身还有深受日本人喜爱的美丽的立涌图纹样。另外,此壶还可以用洗碗机清洗。详情请参考p.70。

15

红茶的等级和品级

印度大吉岭马凯巴利茶园的"一芽二叶"。
其特征是柔软水嫩，呈鲜嫩的绿色

红茶的茶叶，从上到下的五片，每一片都有名字。

最上部的嫩芽为"芽尖"（Tip），芽尖下面第一片茶叶为"橙白毫"（Orange Pekoe），第二片为"白毫"（Pekoe）。这三片柔软的嫩叶即为"一芽二叶"。

从芽尖开始，越往下茶叶越大，质感也越硬。

● 红茶叶片的名称

从上到下的五片茶叶，都有自己的名字。

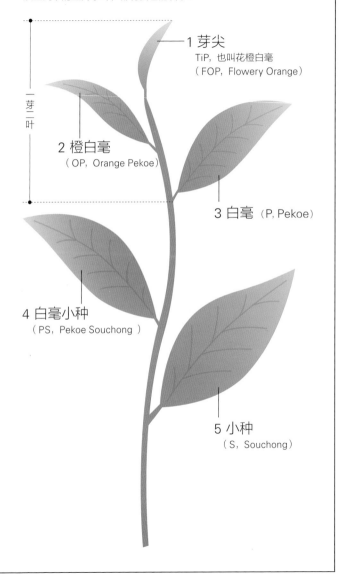

1 芽尖
TiP, 也叫花橙白毫
（FOP, Flowery Orange）

一芽二叶

2 橙白毫
（OP, Orange Pekoe）

3 白毫 （P, Pekoe）

4 白毫小种
（PS, Pekoe Souchong ）

5 小种
（S, Souchong）

等级是按照茶叶大小和形状进行的分类
品级则是根据茶叶特征进行的分级

根据成品茶叶的大小，红茶首先可以分为4个等级，然后再在各等级内根据大小和形状进行更加细致的划分。这里所说的"等级"，不是指品质的差异，而是指茶叶形状的不同。比如茶粉常被认为是廉价红茶，但其实茶粉既有由优质茶叶做成的，也有由劣质茶叶做成的。换句话说，有好喝的茶粉，也有不怎么好喝的整叶茶（whole leaf tea）。

以传统制茶法生产的红茶，按照其形状一般分为4个等级：整叶茶、碎叶茶（broken leaf）、片茶（fanning）、茶粉（dust）。以近代CTC制茶法（见p.30）生产的红茶，则只有碎叶茶以下的等级。

根据成品茶叶的大小进行分类

 # 整叶茶

[代表品级]FOP（Flowery Orange Pekoe，花橙白毫）

整叶茶即如花香般芬芳的橙白毫。没有被压碎的完整的茶叶，在冲泡后会呈现出长在茶树上时的原始形态。茶叶的大小为7~30毫米。此为使用传统制茶法才有的茶叶等级。

2 碎叶茶

[代表品级] BOP(Broken Orange Pekoe，碎橙白毫)

碎叶茶是被压碎的橙白毫，即将整叶茶的芽尖和叶子压碎后得到的茶叶。由于产地和等级不同，大小也不尽相同，但以 2~3 毫米大小的茶叶居多。

3 片茶

[代表品级] BOPF(Broken Orange Pekoe Fannings，细碎橙白毫)

片茶是将碎橙白毫再压碎后得到的粉末状茶叶。比起碎叶，这种茶叶被压得更细，大小为 1~2 毫米，多被用于制作茶包。

4 茶粉

茶粉是茶叶过筛分离后掉落下来的、1 毫米以下的粉状茶叶。因为冲泡时间短，所以常被用于制作茶包。

● 传统制茶法的品级

在各种各样的等级中,还有品级之分。在有名的红茶产地,为了给红茶定价,不仅会根据形状对红茶进行等级分类,还会根据芽尖的品质和所占比例、芽尖的色泽等进行更细致的品级分类。不过,品级分类的名称并不统一,一些茶园也会给红茶冠以自取的品级名。通常品级名称中罗列的字母越多,表示茶叶越高级。

1
整叶茶

2
碎叶茶

3
片茶

4
茶粉

在CTC制茶法中,机器可以根据茶叶的大小进行筛选分类。不过,生产商虽然进行了细致的分类(参见p.31),但在普通商品上一般很难看到关于等级划分情况的记载。另外,用于生产茶包的CTC制茶法会将茶叶压得更碎。

1 整叶茶　整叶茶的品级分类

✱ 基础品级为 OP

整叶茶中包含像针一样细长旋扭的芽尖，所以味道极佳。随着品级升高，对红茶进行修饰的形容词会有所增加，简称也会相应变长。最高品级的整叶茶是大小均匀、像针一样细长旋扭的茶叶。橙白毫是指只有芽尖，或者多数为芽尖的茶叶。另外，有些茶园会在特别优质的红茶的品级名称前加上 S（Special），或在末尾加上 1。

代表品级		含义
FTGFOP	Fine Tippy Golden Flowery Orange Pekoe	由上好芽尖组成的、金黄色并带有花香的橙白毫
TGFOP	Tippy Golden Flowery Orange Pekoe	由普通芽尖组成的、金黄色并带有花香的橙白毫
FOP	Flowery Orange Pekoe	带有花香的橙白毫

2 碎叶茶　碎叶茶的品级分类

碎叶茶是将整叶茶压碎后得到的茶叶，其命名方法跟其他等级茶叶的品级命名方法相同，如果茶叶中含有较多芽尖，等级名称中就会含有"Tippy"。同样，碎叶茶也是品级名简称越长，品质越好。

代表品级		含义
FTGBOP	Fine Tippy Golden Broken Orange Pekoe	由上好芽尖组成的、金黄色的、被压碎的橙白毫
TGBOP	Tippy Golden Broken Orange Pekoe	含有很多芽尖、金黄色的、被压碎的橙白毫
BOP	Broken Orange Pekoe	被压碎的橙白毫

3 片茶　片茶的等级分类

片茶是比碎叶茶压得更细的茶叶，按照片茶中芽尖数量的比例，分为 BOPF 或者 GOF。如果片茶中不包含芽尖，则为 OF。

代表品级		含义
BOPF	Broken Orange Pekoe Fannings	将橙白毫压碎后的粉末
GOF	Golden Orange Fannings	金黄色的橙白毫的粉末
OF	Orange Fannings	橙白毫的粉末（不含芽尖）

4 茶粉　茶粉一般没有品级分类

橙白毫是柑橘味的吗

橙白毫是指茶树枝顶端芽尖下面的第一片叶子。因为很多人都抱有"高品质红茶就是橙白毫"的想法，所以会误以为"橙白毫"是像"大吉岭"那样的以红茶产地或者红茶品种命名的茶的名称。在红茶专卖店里也会有客人说："我要橙白毫。"同时，因为有很多商品被直接称作"橙白毫"，所以也造成了很多人对橙白毫的误解。另外，从字面上看，很多人还会把"橙白毫"当作一种带有柑橘味的调味茶（flavor tea）。

实际上，"橙白毫"是一种茶叶品级的总称，而非特指某种红茶。换言之，很多红茶产地都出产"橙白毫"。

不过，为什么明明没有柑橘的香气和味道，这种品级的红茶却被叫作"橙白毫"呢？这也确实是个未解之谜。

关于橙白毫名字的由来，有以下几种说法：

1. 茶叶嫩芽上长出的白色细毛，在中国古代被称作"白毫"。英国人根据汉语"白毫"的发音把这种茶叶叫作"pekoe"，加上又认为白毫看起来是橙色的，于是将两个词结合在了一起，便有了"橙白毫"的说法。
2. 茶汤的颜色呈橙色。
3. 在制造过程中使用了柑橘的花来提香。
4. 荷兰国王的姓氏是Oranje-Nassau（Oranje与Orange相似）。

虽然不能确定哪种说法是真的，不过含有银尖的高级春摘大吉岭红茶确实是略带橙色的。

红茶的制作过程

大吉岭地区的传统制茶法

红茶的制作过程，可以简要地概括为以下五个步骤：采摘、萎凋、揉捻、发酵、干燥。采摘，即采摘茶叶。萎凋，即让茶叶中的水分减少到适宜发酵的程度。揉捻，即揉捻茶叶，破坏其细胞，激发酶的活性。发酵，即为茶叶提供合适的温度和湿度，利用酶的作用来使茶叶发酵，同时密切观察茶叶的发酵状态，温度一旦升高便停止发酵。干燥，即对茶叶进行干燥。下面就以印度大吉岭马凯巴利茶园为例，介绍一下传统的红茶制作方法。

---

*制作红茶的五道主要工序。

① 采摘

② 萎凋

③ 揉捻

④ 发酵

⑤ 干燥

① 采摘

采摘茶叶。
细心地手工采摘"一芽二叶"。

红茶新茶的采摘时间要比"八十八夜"[1]早很多。大吉岭的一号茶（春摘茶），一般从3月中旬开始进行人工采摘。采摘的部分是被称为"一芽二叶"的芽尖与芽尖下面的两片叶子。由于当批的采摘方法会影响下批芽尖的生长状况，所以"一芽二叶"的采摘一般都由熟练的茶工进行。要成为可以独当一面的采茶工人，一般需要长达8年的时间，而且采摘茶叶需要身负大筐沿陡坡上下来回，是典型的重体力劳动，但采茶工人80%都是女性。另外，为了保证采摘下来的茶叶完好，通常一天中需要分两次对茶叶进行计量，并将称好的茶叶迅速运至茶叶加工厂。在高气温的地区，有时一天需分3次对茶叶进行计量和运送。

---

1 一种日本静冈县出产的绿茶。——译者注

② 萎凋

让水分适量蒸发，令茶叶萎蔫。
萎凋是控制发酵程度的重要工序。

在采摘下来的茶叶中，八成都是水分。需通过萎凋，蒸发掉茶叶中大约一半的水分。很多技术人员称"制作红茶，有3/4取决于萎凋"，可见萎凋是一项十分重要的工序。将茶叶以一定厚度摊在萎凋槽中，然后通以15~20小时的热风，使茶叶的水分充分蒸发（风的温度随茶园所在地域、茶园的操作手法不同而有所不同）。一般来讲，在大吉岭需要28℃以下的热风，斯里兰卡则需要将温度提高到40~50℃。茶叶的水分变少后，余下的操作就会变得简单，发酵的强弱也变得可控。通过调整茶叶中的水分含量，萎凋还能够增加成品红茶的香味成分，并决定其最终的味道。由此可见，在制作红茶时，确保萎凋这道工序的操作正确无误至关重要。

③ 揉捻

对茶叶进行揉捻。
利用酶的活性制造发酵的契机。

施加一定压力对茶叶进行揉捻，可以破坏茶叶的细胞，使细胞中的酶活化，制造发酵的契机。因为茶叶本身虽含有多酚氧化酶，但这种酶只有通过揉捻，把茶叶细胞破坏掉，才能发挥作用。揉捻机的构造是将圆盘放置在很大的金属盘上，金属盘和圆盘动起来就像两个手心合在一起揉搓，如同制造漩涡一样不停地旋转，从而对茶叶进行揉捻。根据季节的不同，还需要对揉捻的力道和时间进行调整。因为大吉岭的春摘茶柔软且脆弱，所以只需要进行一次30~40分钟的短时间揉捻即可，并且所需压力较小。与春摘茶不同，夏摘茶及其后采摘的茶叶更硬，加工时需要增加压力，进行两次揉捻，每次40~50分钟。在揉捻的过程中，还可以对茶叶进行切割，产出各种不同等级的茶叶。在揉捻的过程中，有时茶叶会被揉成一团，所以有些茶园会在揉捻之外进行"分解"，即将成块的茶叶分开。另外，如果是制作碎叶茶，在完成揉捻工序后，还需将茶叶放入切割机中进行切割，之后再对茶叶进行发酵。

④ 发酵

在酶的作用下，茶叶由绿色变成古铜色。
发酵是红茶制作的关键。

将被揉捻过的茶叶摊在发酵用的台子上，并把发酵的温度和湿度调整到最合适的程度。1~2.5小时之后，随着发酵的进行，原本绿色的茶叶会渐渐变成金黄色和古铜色，并开始散发出芳香。不过需要注意的是，如果发酵过度，茶叶香气会变差，茶汤颜色也会变黑，所以确保发酵适度至关重要。

在酶的作用下，茶叶中含有的儿茶素经过氧化转变成单宁，这就是红茶茶汤所独有的红色的来源。

其实，对茶叶进行揉捻后茶叶变成古铜色的过程，与削了皮的苹果果肉变成褐色的原理是一样的。它们都是由原本存在于细胞内的酶因细胞被破坏而具有了活性、产生氧化反应所造成的。

⑤ 干燥

发酵结束后，为了使茶叶更易保存而进行干燥。
这是制作成品红茶的最后一步。

发酵到达最佳状态后，便将茶叶转移到干燥机。提高温度让酶丧失活性，就可以阻止红茶继续发酵。之后，通过观察茶叶状态，调整温度让水分继续蒸发，便可以使红茶变成更适于保存的干燥状态。这也是一道十分考验技术人员能力的工序。经过干燥，红茶的香味和色泽被固定下来。成品茶叶中水分含量一般为2%~4%。

⑥ 完成

将成品红茶过筛，按照大小进行分类，同时确认茶叶中是否有异物混入。最终对全部分类好的红茶进行品级认定，将其装入标有容量等信息的专用袋子和箱子。另外，出口到国外的袋子和箱子内部还需使用铝制材料，用来防潮。

⑦ 评鉴

在销售之前，一般还需对红茶进行品尝，以评鉴其优劣。在评鉴红茶时，会选用等量的茶叶、等量的水、专用的评鉴容器，冲泡等长的时间茶时，一般将萃取的茶汤倒入杯中，将残茶放在盖碟之上。首先对茶叶、残茶的颜色和香气进行评鉴；之后在茶汤微凉适合入口时，对茶汤的味道进行评鉴。在红茶的生产与销售过程中，这种需要精神高度集中的评鉴工作每天都在进行着。

阿萨姆地区的CTC制茶法

C Crush（压碎）
T Tear（撕裂）
C Curl（揉卷）

在印度阿萨姆地区，有九成茶园采用CTC制茶法加工红茶，剩下的则采用传统制茶法。两种制茶法的区别在于，CTC制茶法不对茶叶进行揉捻，而只对茶叶进行切割。CTC制茶法出现于20世纪30年代，使用专门的CTC机，加工茶叶所耗时间仅为传统制茶法的一半，降低了红茶加工成本，使高速、大批量的红茶生产成为可能。同时，CTC制茶法通过充分切割茶叶的细胞组织可以更快速地催发出茶叶的味道和香气，使红茶风味更加浓厚强烈。如今，世界上一半以上的红茶都是用CTC制茶法加工制作而成的，这种制茶方法也尤其适合制作印度当地的印度拉茶（chai）。

1 采摘

与传统制茶法不同，CTC制茶法在采摘茶叶时使用的不是背筐，而是一块很大的布。在采摘茶叶时，将布折成三角形背在背上，代替袋子；在运送茶叶时，则将茶叶包起来顶在头上。

2 萎凋

和传统制茶法相同，在萎凋台下面通以热风使茶叶萎蔫。萎凋大约需花费20个小时，直到茶叶中水分含量降到30%。

3 切割

跟传统制茶法制作碎叶茶的工序相比，CTC制茶法是从这道工序开始产生差异的。CTC制茶法是先利用切割机将茶叶切碎，然后开始CTC加工；与此相对，用传统制茶法制作碎叶茶时，则是先进行揉捻，然后用机器切割茶叶。

④ CTC加工

CTC制茶法的名称，就来源于茶叶加工中的Crush（压碎）、Tear（撕裂）、Curl（揉卷）。CTC制茶法使用表面布满细刀刃的金属滚压机来加工茶叶。这种机器虽然听起来有点恐怖，但其实可以制造出圆滚滚的球形茶叶。经过CTC加工的茶叶，茶叶组织遭到破坏，表面积增加，可以用来制作色香味更加浓烈的红茶。

⑤ 发酵

CTC制茶法从这道工序开始，又与传统制茶法殊途同归了。漂亮的绿色球形茶叶经过发酵，变成充满光泽的红褐色茶叶。

⑥ 干燥

在CTC制茶法中，也需要对经过发酵的红茶加以干燥。传统制茶法是将茶叶铺在履带上，使其缓慢地在烤箱中移动；与这种干燥方法不同，CTC制茶法是对球形的茶叶施以热风，用风力使其上下翻动，以便干燥。不过，CTC制茶法也会根据茶叶形状的不同来调整干燥方法。另外，在传统制茶法的干燥工序中，需要注意不能破坏茶叶的形状；而在CTC制茶法的干燥工序中，由于作为原材料的茶叶多数坚硬结实，故而比起茶叶形状，更需要注意茶叶是否得到了充分的干燥。

⑦ 分级

在CTC制茶法中，最后需要按照球形茶叶的大小，对未经分级的散形茶（bulk tea）进行筛选。除了大吉岭地区的常用分级外，经CTC制茶法制作的茶叶中，还有BPS、BOP、BP、PF、PD、D、CD等诸多品级。

采访及摄影／石景博子

红茶与绿茶、乌龙茶有何区别

红茶、绿茶、乌龙茶
其实都来源于同一种茶树

色、香、味完全不同的红茶、绿茶与乌龙茶，其实都来源于同一种茶树。这是一种学名为"山茶科山茶属植物茶树"（Camelliasinensis）的常绿植物，因为采用了不同的制茶方法，所以得到了三种不同风味的茶。

山茶科山茶属植物茶树的代表品种有两种：一种为叶片较小、耐寒性强的中国种；另一种为叶片较大（约为中国种茶树的两倍）的阿萨姆种（也叫印度种）。

在中国、印度北部山地喜马拉雅山麓的大吉岭、尼泊尔等海拔高且气候寒冷的地区种植的茶树，多为中国种；在印度的阿萨姆、尼尔吉里（Nilgiri）以及斯里兰卡等高温多湿的地区栽培的，则多为阿萨姆种。近年来，为了提高产量和品质，出现了大量阿萨姆种与中国种的杂交种。

发酵程度决定味道

红茶是经完全发酵的茶叶，乌龙茶是经半发酵的茶叶，绿茶则是完全不经发酵的茶叶。故而，红茶又称"发酵茶"，乌龙茶又称"半发酵茶"，绿茶又称"非发酵茶"。虽然同样的茶树可以产出不同的茶叶，但是用来生产红茶的茶树以阿萨姆种居多；用来生产绿茶和乌龙茶的茶树则以中国种居多。不过，在大吉岭地区，用来生产红茶的茶树仍以中国种为主。

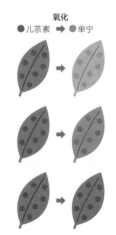

氧化
●儿茶素 ➡ ●单宁

红茶的制作工序
采摘→萎凋→揉捻→发酵→干燥
通过揉捻使茶叶中的酶充分活化，因此茶叶得以完全发酵。

乌龙茶的制作工序
采摘→萎凋→发酵→加热→揉捻→干燥
因为没有使茶叶中的酶充分活化，所以茶叶只是自然地轻度发酵。

绿茶的制作工序
采摘→杀青→揉捻→干燥
采摘后马上进行杀青，破坏鲜叶中酶的活性，因此茶叶不会发酵。

通过发酵，红茶茶叶中含有的儿茶素发生氧化进而转变成单宁，于是就有了漂亮的色、香、味。

绿茶则由于生茶叶中含有的儿茶素仍旧保留在茶叶中，所以不会产生这种变化。

由于生茶叶成分和发酵成分兼具，根据制作方法不同，乌龙茶既有接近红茶的强发酵茶，也有接近绿茶的弱发酵茶。

春天采摘的大吉岭春摘茶，由于发酵程度低，故而汤色较淡，香气也很清新，保留了生茶叶的风味，滋味独特；又由于其多采用中国种茶树的茶叶，所以有时也被认为更接近于乌龙茶。

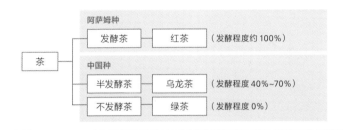

品级 F 之谜

SFTGFOP、FTGFOP、TGFOP、FOP、FBOPF、BOPF、PF、FF、SF。

红茶品级的标记方式简直如同咒语一般。这些名字看起来是许多意义不明的字母罗列，但其实它们是由红茶术语的首字母排列起来的。

你会发现，这些首字母中"F"出奇的多。其实在英语中，包含"F"的词汇并不多见，仅为全英语词汇中的2%。可是在红茶的等级术语中，光是数得过来的以"F"开头的单词，就大约占了整体术语的36%，这一数字几近普通英语单词中"F"出现频率的20倍。

以"F"开头用来形容红茶的英语词语有Fine、Finest、Flowery、Fannings、First、Flush，等等。

红茶术语为何如此青睐"F"呢？是特别喜欢"F"，还是想效仿"First Class"的"F"，抑或是"Follow It"的"F"呢？

虽然关于红茶的研究日新月异，但即便到了所有疑问都得到解释的那一天，"F"之谜也一定会留到最后（Final）吧。

世界上的红茶产地

全世界30多个国家都在生产制造红茶，这些国家大多分布在以温暖的赤道为中心的北纬45度以南、南纬35度以北的地区。其中，印度、斯里兰卡、肯尼亚三个国家的红茶产量占了全球红茶总产量的80%以上。除了上述三个国家，红茶原产国中国、与大吉岭相邻的尼泊尔生产的高品质红茶也广受关注。

尼泊尔 NEPAL

尼泊尔是距离印度大吉岭非常近的红茶产地。因为与印度有技术上的交流，所以高品质红茶的产量不断提高，成为近年来受到广泛关注的地区。

印度 INDIA

印度是红茶历史上不可动摇的中心。既生产高品质的红茶，也生产高产量的红茶，是世界最大的红茶生产国兼消费国。

肯尼亚 KENYA

该国自20世纪中期独立开始，利用CTC制茶法快速提升红茶产量，成为新兴的红茶产地。

中国 CHINA

中国虽然是红茶的原产地，但现今以生产绿茶为主，只少量生产高品质红茶。

日本 JAPAN

明治维新后的100年里，日本经历了从红茶出口国到进口国的巨大变迁。到了21世纪，日本产红茶又开始绽放光芒。

斯里兰卡 SRI LANKA

作为世界三大红茶产地之一，斯里兰卡出产的锡兰红茶曾风靡一时。从高品质红茶到廉价红茶，斯里兰卡拥有多样的红茶生产线。

印度的红茶产地

作为当今世界上最常见的红茶——阿萨姆红茶的发祥地，印度在制茶方法方面领先于世界，现今大量采用的CTC制茶法也是在这片土地上诞生的。

印度现在还是世界上最大的红茶生产国以及消费国，是名副其实的"红茶之国"。

印度主要有三大红茶产区：以山谷为主的大吉岭地区、以平原为主的阿萨姆地区和以高原为主的尼尔吉里地区。这三大产区生产的红茶各有千秋、各具特色。

现如今，由于印度红茶的名气日益提升，假冒伪劣产品也层出不穷。某一段时期，甚至有高于茶园实际生产量5倍的产品在市场上流通。为了遏制这一现象，印度开始使用独特的标志来认证红茶产地及红茶品牌。

尼尔吉里

尼尔吉里在当地的语言中有"青山"之义。这里出产的红茶风味纯正，回味清爽甘醇。其中的大部分用于制作 CTC 茶（也称"红碎茶"），同时也用来制作印度拉茶和奶茶（milk tea）。尼尔吉里地区背靠南印度的西高止山脉（Western Ghats），是高原中的丘陵地区，最初是因为气候宜人、土壤肥沃而作为避暑地被开发出来的，近年来才开始种植红茶，是红茶产区中的"后起之秀"。

 大吉岭

大吉岭位于印度西孟加拉邦喜马拉雅山麓地势陡峭的山岳之中。这里是全世界唯一一个在中国之外成功栽培中国种茶树的地区。此后，大吉岭逐渐成为高级红茶的产地。大吉岭地区在品种改良、茶树栽培、制茶技术等方面，以高超的水平受到人们的高度赞扬。在茶叶制法上，以使用口感细腻爽滑的整片茶叶为原料加工制作的传统制茶法为主。

 阿萨姆

阿萨姆是世界上产量最大的阿萨姆种茶树的故乡。这种生长在印度东北部、布拉马普特拉河（Brahmaputra River）流域的红茶有滋味强烈、口感浓郁的特点。阿萨姆红茶品种丰富，在这里既可以找到高品质的整叶茶，又可以找到方便快捷的 CTC 茶；既有随泡随饮的纯红茶（straight tea），又有印度拉茶。

大吉岭茶园

马凯巴利茶园

玛格丽特的希望茶园

瑟波茶园

马凯巴利茶园

卡斯尔顿茶园

玛格丽特的希望茶园

马凯巴利茶园

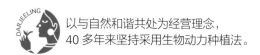

以与自然和谐共处为经营理念，
40多年来坚持采用生物动力种植法。

马凯巴利茶园
MAKAIBARI TEA ESTATE

印度，大吉岭 ＊ INDIA, DARJEELING

总占地面积约为6.7平方千米（相当于145个东京巨蛋体育馆）。茶园中有4成为茶田，其余6成为原始森林。 这家老字号茶园创立于1859年，1972年将"与自然和谐共处"视为经营理念，并成为世界上第一个使用生物动力农法（Biodynamic Agriculture）＊进行茶叶种植的茶园。茶园于1993年获得英国德米特

《印度时报》（加尔各答版）
2014年9月6日

（Demeter）机构的生物动力（Bio-dynamic）认证，2001年获得日本JAS认证。马凯巴利茶园的茶叶以品质之高而享有盛名，在2003年印度加尔各答的茶叶拍卖会中，该茶园的"银针"（Silver Needles）拍出了有史以来的最高成交价。2014年，该茶园的"银尖帝王"（Silver Tips Imperial）又惊人地实现了每千克1850美元（约合1.2万元人民币）的交易价格。据说"银尖帝王"是在每108年才有一次的、茶叶味道与香气均达到极致的时间段里采摘下来的红茶。有关详情请见右侧页面。

＊生物动力农法：即将阳光、水、空气、土地以及动植物等整个自然体系紧密联系，在相互影响的环境中进行栽培的农法。

银尖帝王

茶叶本身散发优雅的茶香。注入热水后茶叶徐徐展开，释放出诱人芳香。浅呷之后，口感纯净，无杂味，细品后有馥郁芳香。片刻间，唇齿留香，余味无穷。

摄影：桑吉特·德斯（Sanjit Das）

2014 年 6 月 13 日，恰好是当年夏至日的倒数第 8 天，这是一个特殊的满月之夜。根据生物动力农法的日历，在这一天中，天体将会呈现出 108 年一遇的罕见布局。生物动力农法认为，在满月之夜，所有植物的水分都会被排放至海中，从而引起满潮。在自然规律的作用下，此时所有水果、蔬菜、谷物的水分含量都将降到最低。故而，此时摘取到的植物中会具有最浓缩的精华，并伴随着最迷人的香气。而这一年的夏至日倒数第 8 天，正好是这样一个难得一见的、植物香气最浓郁的日子。"银尖帝王"正是在这一天，由茶农们从深夜 0 点到凌晨 3 点采摘的顶级茶叶。图片中月光与火把所照亮的，正是这一难得一见的采茶风光。

[采摘时间] 2014 年 6 月 13 日

[茶树] 中国杂交种	[品级] FTGFOP-1S
[价格] 7500 日元 /20 克	[色] 淡金黄色
[香] 馥郁花香	[味] 果味

☕ 随泡随饮

🫖 300 毫升 🍃 3 克 🕐 6~8 分钟

创立于 : 1859 年 / 海拔 : 1189 米 / 茶园占地面积 : 2.7 平方千米
地区 : 柯斯昂南部，大吉岭
DATA   详询 : 马凯巴利日本代理商 http://www.makaibari.co.jp

【银尖】茶叶尖端的叶片展开前覆满茸毛的银色芽心，即"一芽二叶"之"芽"。

在与自然的和谐共处中制茶
"健全的土地才能养育健全的人类"

马凯巴利茶园的主人S.K.班纳吉是印度藩主的儿子，毕业之后一直全心投入在茶园中，大家都亲切地称呼他为"拉贾"。现在他正致力于将"与自然和谐共处"的经营理念贯彻到红茶栽培的实践中去。

拉贾在英国的大学完成学业，准备回国继承祖传茶园之时，茶园正面临着巨大的危机——由于之前过量使用农药和化肥，茶园的土壤开始变得贫瘠，茶叶的生产量也开始逐渐减少。

大吉岭地区是世界上少有的、由险峻陡峭的山脉连绵而成的高原。6月~9月是大吉岭地区的雨季，这段时间该地区多暴雨，降雨量极大。在这样一片土地上，如果继续坚持"以经济利益为首要目的而不顾对环境造成的破坏"的经营理念，最终陡峭的山坡会逐渐失去表层土，泥石流等自然灾害也会随之而来。

拉贾深忧于此，于是怀揣着"保护茶园的土壤，让在茶园中工作的人们能够变得更加富裕，从而提高他们的生活质量"的梦想，将生物动力农法引进了茶园。

为了唤醒生物潜在的能量，给予土壤新的活力，马凯巴利茶园将牛粪、油渣、枯叶等有机肥料以及由自然物质合成的调和剂撒在茶田的每个角落，以此来代替农药、杀虫剂、除草剂以及其他化学合成的肥料。40多年来，马凯巴利茶园一直严格遵循根据月球及其他星球的运行规则制成的太阴历为主的农业历法进行茶叶采摘工作。

column 4

用木箱与布袋包装红茶

●**木箱**
使用不丹生产的松木的边角料手工制成，内附茶园主的签名。

同时，拉贾还考虑引进永续农业（permaculture）的模式。在永续农业的构想中，最理想的茶田需要由6层植被构成：第一层是相当于两个茶园面积大的原始森林。第二层是茶园中每隔20米就能看见的合欢树。合欢树不仅可以带来树荫，树上的根瘤菌还可以成为氮素的来源，为茶园的土壤提供肥料。第三层由豆类植物组成，马凯巴利茶园每隔四五年就会种植一些豆类植物来为土壤提供养料。第四层是每10万平方米茶田所对应的1万平方米果树和草类，它们可以起到除草剂的作用。第五层是茶园的主角——红茶茶树。最后一层则是由药草以及苜蓿类植物构成的植被。这就是使马凯巴利茶园实现可持续发展的农业环境。

拉贾一直坚持"与自然和谐共处"的理念。他认为健全的土壤可以培育出健全的茶树，也可以创造出一个野生动物和昆虫都可以自由栖息的丰富的自然环境，而只有丰富健全的自然环境，才能养育健全的人类。

覆盖栽培法是指用危地马拉草（guatemala grass）铺满地面的农作物栽培法。
该方法可以有效减少强降水引起的土壤流失，抵御杂草的生长，干旱时期还能起到锁水的作用。此外，干枯后的危地马拉草还可以成为土壤天然的肥料。这样一来，即使面临旱灾，也可以保证茶苗的健康生长。

正在进行覆盖栽培法的人们把危地马拉草割下来扎成一束，然后铺在土地上。

●带有印度传统花纹的布袋

这个布袋灵活地结合了拉贾斯坦邦（Rajasthan）的木版画工艺、古吉拉特邦（Gujarat）的镜片手工刺绣工艺与乌塔尔－普拉德什邦（Uttar Pradesh）的蝉翼纱手工刺绣工艺。从扎染到缝制，全部由印度女性手工完成。马凯巴利茶园的红茶茶叶使用这些布袋进行包装，制作布袋的印度女性由此可以获得稳定的收入，进而过上稳定的生活。

马凯巴利茶园主人拉贾推崇的
日常品茶方法

大吉岭红茶按照采摘季节被分为春摘茶、夏摘茶和秋摘茶。马凯巴利茶园主人拉贾则主张，即使是在同一天里，也可以随着时间段的变化体验季节的变迁。换言之，拉贾提倡在一天中的不同时间段选用不同的红茶。据拉贾所言，他是根据阴阳五行的学说来进行饮茶时间的分配的。

早晨起床后的第一杯红茶，拉贾会饮用春摘茶，因为充满活力的春摘茶可以唤醒沉睡的身体，从而精神满满地迎接新的一天。经过一个上午的劳动，迎来午休的时候，拉贾推荐享用一杯夏摘茶来为身体充电。其后的下午茶时间里，拉贾则推荐用马凯巴利茶园出产的富含茶多酚（polyphenol）的绿茶为自己补充营养。最后，夜晚入睡前，拉贾推荐饮用秋天采摘的银尖茶以舒缓心情，用安详的睡眠来结束这一天。

● 拉贾推荐的茶具

"如果饮用红茶的话，我推荐使用瓷器。
因为瓷器饱含优雅感，并且能够将红茶的茶汤以一种幽雅娴静的姿态展现出来。"

从冰葡萄酒中得到灵感的冬摘茶
水晶茶
CRYSTAL FLUSH

采摘日：2015 年 2 月 21 日
品级：FTGFOP-1S

马凯巴利茶园的这一款茶既非春摘茶，也非秋摘茶，而是在寒冷的冬天采摘下来的、被称为"水晶茶"的特殊红茶。这是拉贾从冰葡萄酒中得到灵感后制作出来的。气温的差异造就了糖分高度凝缩的冰葡萄酒，而水晶茶则是将生命力浓缩在了新芽之中。这种茶必须在满足了特定自然条件的情况下才能制成。具体地说，它需要生长在海拔1300米的茶树在极端严寒中发出的嫩芽，并由人慎重地将其采摘下来，故而十分珍贵。就如它的名字一样，此款红茶口味清新，有一种水晶般的透明感。可以说，一片小小的茶叶，浓缩了满满的能量以及马凯巴利茶园的精髓。它已经获得了日本JAS认证。铝袋50克装售价约3500日元。同时也有木箱、布袋装出售。

木叶虫——红茶之神

在大吉岭的马凯巴利茶园里，生活着一种模样十分像茶树树叶的木叶虫。茶园主拉贾称这种虫子为"红茶之神"，对它又敬又爱。

在这个注重保护生态环境的有机农园里，生活着各种各样的微生物和昆虫，它们在形成了一条完整的食物生态链的同时，也形成了一座生态金字塔。其中有一部分草食性昆虫为了保护自己，练就了一身拟态的本领。

据此，斯坦纳农法（Steiner，即生物动力农法）的创始人鲁道夫·斯坦纳（Rudolf Steiner）说过这样一句话："如果在农业上完整践行了生物动力农法，就会出现农作物的拟态生物。"

1991年，马凯巴利茶园里发现了这种木叶虫。

"这是这40多年来我们始终坚持实践生物动力农法的结果，是大自然的奖赏。"拉贾感慨地说。拉贾之所以如此激动，是因为木叶虫的出现证明茶园实现生态和谐平衡，也证实了倾注拉贾所有心力的生物动力农法的正确性。

长得极像红茶茶叶的"红茶之神"其实是吃叶子的草食类昆虫。据说在木叶虫之间曾经发生过因为模拟得太过逼真，以至于被自己的同伴误认作真正的叶子而惨遭啃咬的事情。或许现在我们看到的木叶虫身体残缺的那一部分，就是这个原因造成的。如此说来，说不定它不光是长得像叶片，连味道都一模一样。木叶虫真是可怕的生物啊。

不论如何，我们可以说"红茶之神"是斯坦纳主张的生物动力农法的鲜活的"证人"。如此，我们也可以认为被这种虫子吃掉的茶叶，是献给"神灵"的贡品了吧。

45

协助摄影／马凯巴利日本代理商

坐落在海拔 1250~1800 米的桑格玛·塔鲁扎姆茶园，
种植着扦插种"世步·巴里"（Yoho Bari）的茶田

桑格玛·塔鲁扎姆茶园的制茶工厂

桑格玛·塔鲁扎姆茶园的总监 A.K. 查，
他是引领大吉岭地区发展的同时，致力于培养
红茶栽培人才的红茶种植第一人

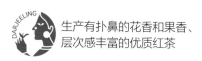

生产有扑鼻的花香和果香、
层次感丰富的优质红茶

桑格玛·塔鲁扎姆茶园
SUNGMA TURZUM TEA ESTATE

印度，大吉岭 ＊ INDIA, DARJEELING

茶叶如刚摘下来的果实一般有芬芳的香气，口感绝佳。桑格玛·塔鲁扎姆茶园被视为最高级别的名茶园，出产的茶叶余味悠长、口感顺滑，令人赞不绝口。茶园里80%以上的茶树为树龄超过100年的中国种茶树。除此之外，茶园还积极进行新品种的研发工作，其中最著名的就是名为山田·巴里（Yamada Bari）的优质茶田。该茶田面积为0.025平方千米，专门生产高品质红茶。茶田里甄选种植了独创品种的茶树，已取得日本JAS认证。

2015 年春摘茶 山田·巴里 DJ-1

[采摘时间]2015 年 4 月　　[茶树]中国杂交种

[品级]SFTGFOP1　　[价格]3750 日元 /25 克

[色]香槟色　　　　[香]花香味

[味]果味

☕ 随泡随饮

🍵 300 毫升　🌿 3 克　🕐 6 分钟

银绿色的叶片与名为"银尖"的嫩芽混合，组成一芽一叶富有多样性的茶叶。加水冲泡后，茶汤呈现出香槟色，散发出幽幽花香。随着浸泡时间延长，果味会逐渐变得明显，让茶变得美味的成分也会渐渐发挥作用，最终成就一杯完美的茶。

创立于：1863 年 / 海拔：1250~1800 米 / 茶园占地面积：1.29 平方千米
地区：浪奔（Rungbong）山谷，大吉岭
DATA　详询：利福乐公司 http://www.leafull.co.jp

48

2014 年夏摘茶
山田·巴里DJ-11

[采摘时间]2014 年 6 月　　[茶树]中国杂交种

[品级]SFTGFOP1　　[价格]3000 日元 /30 克

[色]玫瑰棕色　　　　[香]淡雅的花香

[味]近似麦芽威士忌酒

☕ 随泡随饮

🫖 300 毫升　🌿 3 克　🕐 6 分钟

茶叶产自由香味突出的中国种茶树杂交而成的茶树。纤细的嫩芽展现出茶叶生机勃勃的一面。加水冲泡后会呈现出非常漂亮的玫瑰棕色。闻起来带有甜甜的淡雅的花香，品尝起来是近似于麦芽威士忌酒的醇厚口感。

2015 年春摘茶　　　　2014 年秋摘茶

2014 年秋摘茶
山田·巴里 DJ-63

[采摘时间]2014 年 11 月　　[茶树]中国杂交种

[品级]SFTGFOP1　[价格]3150 日元 /45 克

[色]浓暗橘色　　　　[香]蜂蜜般香甜

[味]香味浓醇的果味

☕ 随泡随饮

🫖 300 毫升　🌿 3 克　🕐 6 分钟

金色的茶叶心在巧克力棕色的茶叶的包围下若隐若现。充分发酵后的茶叶，加水冲泡后像有水果加入其中。蜂蜜般甜蜜的香味和口感配合得天衣无缝，品尝后口中会留下甘美的余味。

【红茶】制作红茶所用的茶叶与日本茶和乌龙茶一致。不同点在于红茶是经过采摘、萎凋、揉捻、完全发酵等步骤生产出来的茶。

红茶品名中的"CL"是什么

让利福乐公司的山田荣来告诉我们吧。

Q. 所谓"CL"是指什么呢?

A. 一般来说,茶树有两种:由种子生长起来的茶树(即播种苗)和用扦插的办法进行繁殖的茶树(即克隆苗)。经由扦插栽培,即克隆栽培的茶树,略称为"CL"。在大吉岭地区,已经有150多年种植中国种茶树的历史了(甚至有树龄逾180年的茶树)。随着这些茶树的日益老龄化,它们的茶叶产出量逐渐下降,甚至还出现了腐朽的茶树。为了解决这一问题,需要挑选一些色香味俱全的高产优质、健康的茶树作为母树,通过扦插的方法培养和增加与母树性质相同的茶树。由此,如今的茶田已由优质茶树构成,茶田的产量也得到了保证。现在的茶树种既有中国种、阿萨姆种的纯种茶树,也有经两者杂交的茶树。此外,第一株杂交茶树苗是由印度的托克莱茶叶实验站(Tocklai Tea Experimental Station)于1949年杂交成功的,这个实验站现今仍在进行着多样的茶树扦插实验。

Q. 通过扦插繁殖(无性繁殖)的茶树有什么优点呢?

A. 与靠种子繁殖的茶树相比,经过扦插繁殖的茶树可以产出更加优质的茶叶。除此之外,无性繁殖的茶树成长过程中的风险也较小。和种子繁殖的茶树相比,它所需维护的工作量较少。另外,以"一芽二叶"为标准采摘的茶叶尺寸较大,产出率高。经过长年累月的积累,人们还研发了有独特风味的茶叶、茶汤颜色漂亮的茶叶、能适应严酷生长环境的茶叶和抗病虫害能力强的茶叶等新品种。

Q. 通过扦插繁殖的茶树有什么缺点呢?

A. 与靠种子繁殖的茶树相比,扦插繁殖的茶树一般扎根较浅,树的长势较差,树龄较短。另外,因为需要反复实验,研发时间长,故而育苗的价格较高。

Q.靠种子繁殖的茶树的优缺点有哪些呢?

A.播种苗栽培茶树的优点在于扎根土壤深且根系发达,生命力顽强,所以树龄也长。由播种苗栽培而成的中国种,在移植到气候条件严峻的大吉岭地区后,会显著表现出其特有的香气和浓郁的口感。在优质的夏摘茶中,麝香葡萄味的茶叶得到了很高的评价。播种苗栽培茶树的缺点,在于需要预防茶树培育过程中可能出现的虫害、自然灾害,但对每一株播种苗茶树的生长过程都做出准确的预测又确实十分困难。此外,茶树发育缓慢、茶叶叶片小、产出率低等情况也时有出现。

Q.扦插繁殖是怎么一回事儿呢?

A.扦插繁殖需要至少带有一片叶子的茶树枝。首先,将从优质母树上取得的枝条做插枝,将其插入装有土的塑料花盆中。其次,要给予插条充分的水和营养,使它生根,长成合格的茶树苗。之后对树苗进行移植,以便使其长成茶树。

适合进行扦插的季节为春季(4月中旬~6月上旬)或秋季(9月下旬~10月中旬)。一年中可以从一棵母树上取下50~300根枝条作为插条。

Q.杂交树种指的是什么呢?

A.是指不同种的茶树杂交后的树种。例如将中国种茶树和阿萨姆种茶树进行杂交,能得到结合二者优点的茶树种。杂交后的茶树种既有中国种茶树细腻的口感和冷凝后的口味,又有阿萨姆种茶树生长快、叶片大、茶汤色浓且偏红的特点。杂交种中,中国种的特质反映得更突出的,被称为"中国杂交种";阿萨姆种的特质反映得更突出的,则被称为"阿萨姆杂交种"。

(照片展示了诸多品种的杂交茶树苗。)
山田·巴里是以山田荣的名字命名的纯种茶树苗。梦子·巴里(Yumeko Bari)是以毕业于位于印度西里古里(Siliguri)的NITM(National Institute of Tea Management,国家茶叶管理学会)并曾在大吉岭一家茶园进修过的山田先生的女儿——梦子命名的纯种茶树苗。世步·巴里则是以山田的另一个女儿——世步命名的纯种茶树苗。世步曾与山田荣一同访问茶园。上述纯种茶树所生产的茶叶带有芳香,口感和余味都十分美妙,并且都为有机种植,它均取得了日本JAS认证。

毗邻尼泊尔的广袤茶园
茶叶以美妙的果实和玫瑰般的香味为特点

瑟波茶园
THURBO TEA ESTATE

印度，大吉岭 ＊ INDIA, DARJEELING

瑟波茶园位于与尼泊尔相接的大吉岭西端的米里克山谷地区（Mirik Valley）。由于丘壑地形的原因，该地光照较少，风大且气温低。在这严峻的自然环境中生长的茶树，用其叶片制作的红茶茶汤口感细腻，风味独特。瑟波茶园是大吉岭地区仅次于远景茶园的面积第二大的茶园。与卡斯尔顿茶园、玛格丽特的希望茶园一样同属古德里克集团（Goodricke），茶园的现任经理原为卡斯尔顿茶园的工厂负责人。近年来，茶园出品的茶叶在行业内获得了很高的评价。

2015年春摘茶 DJ-1

[采摘时间] 2015年3月	[茶树] 中国种
[品级] FTGFOP1HS	[价格] 3500日元/50克
[色] 淡金黄色	[香] 玫瑰花香
[味] 细腻的甜味与鲜味	

☕ 随泡随饮

🫖 300毫升　🍃 3克　🕐 6分钟

淡绿色的嫩叶和深绿色、黄绿色还有银绿色的芽混合在一起，光是欣赏茶叶的外观就很有趣。茶叶加水冲泡后呈现出金黄色，飘荡着的香气给人一种仿佛春天到来、生机勃勃的感觉。口感细腻，淡淡的玫瑰花香令人印象深刻，余味无穷。

DATA　创立于：1872年/海拔：762~1890米/茶园占地面积：1.29平方千米
地区：米里克山谷，大吉岭
详询：利福乐公司　http://www.leafull.co.jp

2014 年夏摘茶 中国种特级茶 DJ-248

[采摘时间]2014 年 6 月		[茶树]中国种	
[品级]FTGFOP1		[价格]2000 日元 /50 克	
[色]橙红色		[香]麝香葡萄味	
[味]甜味突出			

🍵 随泡随饮

👜 300 毫升　🍃 3 克　🕐 5 分钟

茶叶是稀少的中国种，偏黑褐色，制作手法精细。明显的甜味和麝香葡萄风味给人以满足感，是值得一喝的夏摘茶。

2014 年秋摘茶
中国种特级茶 DJ-745

[采摘时间]2014 年 11 月		[茶树]中国种	
[品级]FTGFOP1		[价格]1250 日元 /50 克	
[色]橘色		[香]细腻的花香	
[味]果味			

🍵 随泡随饮

👜 300 毫升　🍃 3 克　🕐 6 分钟

被捻搓得很细的茶叶呈现出茶褐色，饱含秋天的收获之感。茶汤加水冲泡后呈现清透的橘色。品一口，浓郁的口味和丰富的果味令人神清气爽。余味沁人，畅快爽口。

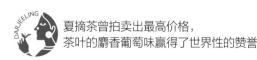

夏摘茶曾拍卖出最高价格，
茶叶的麝香葡萄味赢得了世界性的赞誉

卡斯尔顿茶园
CASTLETON TEA ESTATE

印度，大吉岭 ＊ INDIA，DARJEELING

从1989年开始，卡斯尔顿茶园出品的红茶连续四年刷新了拍卖会上的最高成交价。拿红酒来类比的话，在红酒的评价系统里属于特级品了。茶田的土质、光照、雾和露水等条件都十分适合茶树的栽培和生长。为了得到少量的高品质茶叶，高水平的专

业技术人员参与了从茶树栽培到茶叶加工的全过程。卡斯尔顿茶园高超的红茶制作工艺被视为大吉岭的最高水平。只要是卡斯尔顿茶园出产的茶叶，无论哪个系列都有很高的人气，麝香葡萄风味的夏摘茶更是赢得了世界性的赞誉。

2015 年春摘茶 中国种特级 DJ-3

[采摘时间] 2015 年 3 月	[茶树] 中国种
[品级] FTGFOP1	[价格] 2500 日元 /50 克
[色] 稍偏橙色的黄色	[香] 薄荷青草香
[味] 果味浓郁的甜味	

☕ 随泡随饮

🫖 300 毫升　🍃 3 克　🕐 6 分钟

用热水冲泡青绿色的茶叶，能看到茶叶顶头的嫩芽慢慢舒展开，像这样欣赏茶叶在水中的姿态也不失为一种享受。新鲜嫩叶的清香和浓郁的甜味完美地结合在一起。从余味中可以品尝到独特的类似薄荷的清爽口感。

DATA　创立于：1865 年 / 海拔：1065~1600 米 / 茶园占地面积：2.5 平方千米
地区：柯斯昂南部地区，大吉岭
详询：利福乐公司 http://www.leafull.co.jp

54

2014 年夏摘茶 麝香葡萄 DJ-86

[采摘时间] 2014 年 6 月　　[茶树] 中国种

[品级] FTGFOP1　　　　[价格] 2000 日元 /50 克

[色] 深橘色　　　　　　[香] 麝香葡萄味

[味] 果味

☕ 随泡随饮

🫖 300 毫升　🍃 3 克　🕐 5 分钟

卡斯尔顿茶园出产的茶叶口碑良好，最受好评的是这款茶叶。它是卡斯尔顿茶园的招牌，特色在于拥有馥郁的麝香葡萄风味，是值得品尝的一款茶。

2015 年春摘茶

2014 年秋摘茶 芽尖嫁接 DJ-350

[采摘时间] 2014 年 10 月　　[茶树] 中国杂交种

[品级] FTGFOP1　　　　[价格] 2500 日元 /50 克

[色] 橙红色　　　　　　[香] 花香

[味] 鲜美

☕ 随泡随饮

🫖 300 毫升　🍃 3 克　🕐 6 分钟

深红褐色的茶叶中，绿叶若隐若现。能够从鲜美的口感中感受到果实的醇香，余味是花香和生机勃勃的自然气息。随着浸泡时间延长，茶汤会变为红色调明显的橙红色。这款茶叶是喜马拉雅山山麓地区秋季出产的佳品。

55

以大吉岭地区的铁路为背景，
美景如画的茶园出产芳香优雅的红茶

吉达帕赫茶园
GIDDAPAHAR TEA ESTATE

印度，大吉岭 ＊ INDIA, DARJEELING

在大吉岭地区的87个茶园中，有3个茶园的茶树由印度人种植，吉达帕赫茶园就是其中之一。吉达帕赫茶园是历史悠久的家族经营茶园，现任茶园主也是创始人肖（Shaw）家族的成员之 。在精明的负责人S.K.肖的管理下，茶园仍沿用创立之初的传统红茶制作方法，茶树以中国种为主。在家族经营的模式下，茶园工人饱含深情地栽培茶树，对茶叶的加工认真且细致，因此每个季节的茶叶质量都很高。吉达帕赫茶园出产的红茶以茶汤颜色清透、香味高雅为特点。此外，吉达帕赫茶园的秀美风景也相当知名。

2015 年春摘茶 中国种特级 DJ-1

[采摘时间] 2015 年 3 月	[茶树] 中国种
[品级] SFTGFOP1	[价格] 3200 日元 /40 克
[色] 浅黄绿色	[香] 青草香
[味] 果味	

☕ 随泡随饮

🫖 300 毫升　🍃 3 克　🕐 6 分钟

春摘茶特有的翠绿色叶片给人以清新之感，十分爽口。茶汤颜色为浅黄绿色。初尝为温和的果味，慢慢地会品尝到隐藏的涩味，令人意犹未尽，是畅快入喉后让人还想再喝一口的珍品。

DATA　创立于：1881 年 / 海拔：1371~1585 米 / 茶园占地面积：0.94 平方千米
地区：柯斯昂南部地区，大吉岭
详询：利福乐公司 http://www.leafull.co.jp

2014 年夏摘茶 中国种特级 DJ-44

[采摘时间]2014 年 6 月　　[茶树]中国品种

[品级]SFTGFOP1　　　　[价格]2500 日元 /50 克

[色]橙色　　　　　　　　[香]麝香葡萄味

[味]成熟水果味

☕ 随泡随饮

🍵 300 毫升　🌿 3 克　🕐 5 分钟

茶汤呈亮橙色，给人以典型的夏摘茶的感觉。麝香葡萄味和成熟水果的味道交织，使果味更加突出，是非常适合夏天饮用的爽口红茶。

2015 年春摘茶

2014 年秋摘茶 中国种特级 DJ-136

[采摘时间]2014 年 11 月　　[茶树]中国种

[品级]FTGFOP1　　　　　[价格]2000 日元 /50 克

[色]橙色　　　　　　　　[香]香甜水果味

[味]微有香料的味道

☕ 随泡随饮

🍵 300 毫升　🌿 3 克　🕐 5 分钟

与巧克力颜色相近的黑褐色的茶叶，给人以金秋一般的深沉感，口感十分浓郁。茶汤呈现出鲜亮的橙色，喝一口，既可享受到水果的香甜芬芳，又可体验到香料的馥郁甘美。

使用拥有150年历史的中国种茶树叶制作
芳香醇厚的美味红茶

玛格丽特的希望茶园
MARGARET'S HOPE TEA ESTATE

印度，大吉岭 ＊ INDIA，DARJEELING

玛格丽特的希望茶园位于大吉岭的中心地区，柯斯昂北部海拔高达1830米的山谷深处，从园内能够眺望到喜马拉雅山山顶。茶园里除了有两条河流流经此处，还有各种树木、花草、苔藓等，是一片诗情画意之地。茶园初创时的名字叫巴拉灵顿（BARA RINGTONG）。茶园主人的女儿玛格丽特为这片土地的优美景色所倾倒，在回英国之前许下了"希望有朝一日能够重返此处"的愿望。然而，玛格丽特却在回国途中不幸患病去世，年仅13岁。茶园主人为了纪念未能达成愿望的爱女，在1927年将这座茶园命名为"玛格丽特的希望"。

2015年春摘茶 中国种特级 DJ-1

[采摘时间] 2015年3月	[茶树] 中国种
[品级] FTGFOP1	[价格] 3500日元/50克
[色] 淡橙色	[香] 甘甜清香
[味] 轻微涩味	

🍵 随泡随饮

🫖 300毫升　🍃 3克　🕕 6分钟

这款茶来源于优质的中国种茶树，是从拥有150年历史的老树上采摘下来的茶叶。经过精心炒制后，茶叶变为浓绿色。茶香清甜浓郁，茶汤呈淡橙色。嫩叶入口时虽有轻微涩味，但回甘后却能感受到水果的甜味。

创立于：1862年/海拔：915~1830米/茶园占地面积：5.78平方千米
地区：柯斯昂北部地区，大吉岭
DATA　详询：利福乐公司　http://www.leafull.co.jp

2014 年夏摘茶 麝香葡萄 DJ-220

[采摘时间] 2014 年 6 月	[茶树] 中国种
[品级] FTGFOP1	[价格] 3000 日元 /50 克
[色] 深橘色	[香] 麝香葡萄味
[味] 浓厚香醇	

☕ 随泡随饮

🫖 300 毫升　🍃 3 克　🕐 5 分钟

夏日充足的阳光赋予茶叶更多韵味，让人们能尽情感受夏摘茶的魅力。无论是入口前闻到的那股甘甜芳香的麝香葡萄味，还是入口后品尝到的那份浓厚香醇的强烈口感，都是那么地韵味深长、令人难忘。

2015 年春摘茶

2014 年秋摘茶 中国种特级 150 年

[采摘时间] 2014 年 11 月	[茶树] 中国种
[品级] FTGFOP1	[价格] 7500 日元 /50 克
[色] 朱红色	[香] 秋季花草的芳香
[味] 蜂蜜味	

☕ 随泡随饮

🫖 300 毫升　🍃 3 克　🕐 6 分钟

此茶是玛格丽特的希望创立 150 周年的纪念茶，是为茶园内 98 岁高龄者祝寿的祝福茶，是悠久的茶园历史跟丰富的种植经验孕育出的秋摘佳品，也是拥有蜂蜜般醇香口感及淡雅秋季花草香气的限量珍品。茶汤呈朱红色，艳丽有光泽，每季仅出产 20 千克。

（上接 p.57）

【阿萨姆种】树高度可达 10 米，叶片大，主要生长在温暖潮湿的地区。因茶叶中富含酶，所以极易发酵，非常适合制作红茶。

59

如刚摘下的水果般鲜甜，
蕴含深层魅力的纯天然红茶

里斯希赫特茶园
RISHEEHAT TEA ESTATE

印度，大吉岭 ＊ INDIA, DARJEELING

"Risheehat"在尼泊尔语里表示"圣人之处"，故而里斯希赫特茶园在尼泊尔语里即为"神圣的茶田"。创立至今，里斯希赫特茶园一直以栽培中国种茶树为主，擅长制作鲜嫩清香的春摘茶。由于大部分茶田层层叠叠，倾斜度很高，所以里斯希赫特茶园茶叶的采摘工作异常艰辛，但也正因如此，茶园出产的都是高品质茶叶。近年来，为了进一步提高红茶品质，里斯希赫特茶园不仅定期对制茶加工厂进行升级改造，同时还致力于茶树的有机栽培，是当今为数不多的可以做到品质与产量两不误的茶园。目前，里斯希赫特茶园已经取得了日本JAS认证和ISO9002质量认证。

2015 年春摘茶 中国种花香 DJLC-1

[采摘时间] 2015 年 3 月　　[茶树] 中国种
[品级] SFTGFOP1　　[价格] 4500 日元 /30 克
[色] 淡金黄色　　　　[香] 石楠花香
[味] 鲜甜果味

🍵 随泡随饮

🫖 300 毫升　🌿 3 克　🕐 6 分钟

红茶一经热水冲泡，一芽二叶的美随即舒展开来。显然，从茶叶采摘到制茶结束，在整个茶叶加工过程中，制茶人将细致严谨的工作态度一以贯之。通过此茶，既能享受到宛如石楠花香的上等茶香，又能享受到似新鲜水果的微甜口感，是一款蕴含深层魅力的好茶。

DATA　创立于：1860 年 / 海拔：980~2050 米 / 茶园占地面积：1.41 平方千米
地区：大吉岭东部
详出：利福乐公司　http://www.leafull.co.jp

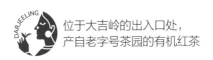

位于大吉岭的出入口处，
产自老字号茶园的有机红茶

远景（高地）茶园
LONGVIEW(HIGHLANDS)TEA ESTATE

印度，大吉岭 ＊ INDIA，DARJEELING

即使在茶园众多的大吉岭，创立于1860年前后的远景茶园也称得上是名副其实的老茶园了。据说大吉岭红茶最早就是在远景茶园开始种植的。虽然位于海拔700米左右的地理位置，跟其他茶园相比地势偏低，但这里却是大吉岭地区的出入口，刚好能将印度广阔的土地尽收眼底。也正因如此，才有了"远景"的名字。另外，在大吉岭的诸多茶园中，远景茶园的占地面积也是最大的。"高地"是远景茶园的有机茶叶品种，种植面积约占总面积的1/3。这款茶在大吉岭诸多红茶中有着难得的清淡柔和。

2015 年春摘茶 高地 DJ-1

[采摘时间]春季	[茶树]杂交种
[品级]FTGFOP1	[价格]1000 日元 /50 克
[色]金黄色	[香]有绿茶和苹果的香味
[味]柔和的甜味与涩味	

☕ 随泡随饮

🫖 300 毫升　🌿 3.5 克　🕐 3 分钟

茶汤是淡淡的金黄色，同时稍带几分黄绿色。在如同绿茶一般的清香里，混合了苹果的香甜气味。另外，随着温度下降，香甜的部分会愈加凸显。从口感上来说，这款茶味道清爽，带有柔和的甜味及温和的涩味。

DATA　创立于：1863 年 / 海拔：1250~1800 米 / 茶园占地面积：5.06 平方千米
地区：浪奔山谷，大吉岭
详询：大吉岭专卖店 http://www.the-darjeeling.com

【杂交种】由中国种和阿萨姆种人工杂交而成。经杂交培育出的树种若更具中国种的特点，即称为中国杂交种，反之，则称为阿萨姆杂交种。

评茶

瑟波茶园的评茶室。在将茶叶投放到市场之前,生产商会对其进行品尝与鉴定,以便确定茶叶的品质和定价

红茶是如何进入日本的呢?

1984年,印度政府制定了有关红茶交易的管理条例,规定了红茶的交易方式。根据规定,茶叶产量的75%必须通过拍卖的形式进行交易。

这项条例直至2000年才被重新修订,印度的茶园自此才获得选择红茶交易方式的自由。除了一如既往地通过拍卖方式进行茶叶交易外,私人买卖、直销等交易方式也得到了政府承认。

通过私人买卖进行交易的红茶,在进入拍卖市场统一竞价之前,会先由中间人将红茶样品提供给买方,并进行交易洽谈。买方一旦

桑格玛·塔鲁扎姆茶园的评茶室

确认购买，那么茶叶将不再参与竞拍，同时该茶品也会在拍卖品目录上显示撤回竞拍。

通过直销进行交易的红茶，则是由茶园自己联系世界各地的红茶买家，双方直接进行交易，其间没有中间人等第三方的介入。对于买方而言，这种方式的好处在于，无须等到拍卖开始便能先人一步选购茶叶，而且也能与卖方就成交价格进行谈判沟通。

真正进入茶叶的选购阶段后，高超的评茶技术就变得至关重要了——鉴别茶叶的品级，判断茶叶的价值，无一不与评茶技术息息相关。可以说，选购前的评茶，就是一场兼顾严格与公正的激烈战斗。

正在瑟波茶园评茶的利福乐公司的评茶师
山田荣

提升红茶风味的冲泡方法

红茶教室 协助说明 / 利福乐公司山田荣

冰茶

买到优质茶叶之后
一定要尝试的极致冷萃茶

同第12页已经介绍过的葡萄酒瓶装马凯巴利红茶的饮用方法一样，通过随泡随饮的方式，以凉水冲泡的冷萃茶是近期备受关注的饮茶新方法。利福乐公司的山田荣在银座店里常将这款冷萃茶推荐给顾客。用于冷萃的茶叶需要经过精心挑选，据山田称，大吉岭红茶中的春摘茶就是一种很适合冷萃的红茶。

经冷水冲泡并在冰箱里放置过一段时间的冷萃茶，喝起来好似新鲜的葡萄放进口中那般鲜爽多汁、甘甜味美。山田解释说："由于使用了冷水的低温萃取法，茶叶中含有的氨基酸等营养成分被一点一点地萃取出来，最终形成了这款甜味独特的茶。冷萃茶与用温水冲泡红茶萃取出来的营养成分的配比会有所不同，故而尝起来别有一番风味。"

冲泡时用冷水，再将其放入冰箱一整晚，即可完成冷萃茶。冷萃茶味道甘甜、香气清新、茶汤通透、入口顺滑，给人以美好享受。况且，使用这种方法泡茶也不容易导致冷后浑(cream down)*。

玛格丽特的希望茶园的春摘茶，
适于制作冷萃茶

❋ 冷后浑和单宁

冷后浑是指将红茶冰镇后引起的茶汤变白、变浑浊，仿佛倒入了牛奶一般的现象。这是茶叶中含有的单宁和咖啡因结合之后产生的现象。花时间用冷水慢慢浸泡出冷萃茶，或者用热水泡茶后迅速使其冷却，这些方法都可以有效避免冷后浑现象的发生。

顺带一提，茶叶中茶多酚的主要成分是单宁，而单宁中含量最高的儿茶素具有促进身体代谢的功能。所以若想挥别保健药品，何不试试饮用红茶呢？

宛如香气融入水中，
呈现纯净无比的清甜

冰茶 冷萃茶

●材料及做法

茶叶 7.5 克或者等量的茶包

冷水 500 毫升（若水量为 1 升，
则对应的茶叶为 12 ~ 15 克）

选择适于冰箱冷藏的带有盖子的
容器，向容器中加入相应比例的
茶叶和水，最后放进冰箱冰镇
7~8 个小时即可。如果不放进冰
箱，在常温的状态下静置 4 小时
也可。不过，用冷水冲泡，再加
上长时间冰镇，这样的冲泡方式
不仅能更好地释放出茶叶独特的
甘甜以及丰富的口感，还方便从
冰箱取出后直接享用，无须另加
冰块。

冰茶 冰红茶

在用滚烫热水泡出的浓茶中放入大量冰块，使其瞬间冷却后，便可享
用到茶汤带有诱人琥珀光泽、味道鲜爽细腻的冰红茶了。

●材料及做法

茶叶 7.5 克或者等量的茶包

开水 250 毫升

首先，往预先加热过的容器中倒入茶叶和开水，泡一杯热茶。其次，
不要着急饮用，而是闷泡片刻，让茶叶充分舒展，不过闷泡时间过长
会造成茶汤浑浊，故而要特别注意。最后，将热气腾腾的红茶倒入放
满冰块的玻璃杯，就可以享用了。

热茶	茶量、温度和闷泡时间 是将美味释放出来的 3 个关键

1 预热茶壶和茶杯

首先要将开水倒入茶壶和茶杯，进行预热。这样做还能去除异味和灰尘，可谓"一石三鸟"。每当开水被倒入不同的容器，其温度就要下降将近10℃，所以要提前用开水对茶壶和茶杯进行预热。

2 在茶壶中放入重量经过准确测量的茶叶

一般来讲，100毫升开水冲泡1克茶叶。300毫升开水则适宜冲泡大吉岭春摘茶3~4克，夏摘茶3克或阿萨姆红茶3克。

＊因为茶叶容易受潮，所以请选择密封器贮藏。

● 准确的称重方法

如果有精确到 0.1 克的秤，当然可以准确地进行称重。但如果没有，也可使用小勺（5 毫升）或茶勺等比量。

○ 即便都是 2 克重的茶叶，各种茶叶也会因形状的不同而造成观感上的差异。

左起: 一小勺为2克碎叶茶，一平勺为 2 克全叶茶，一满勺为 2 克CTC 茶

○ 即便是同种类的茶叶，也会因茶叶的盛装满亏而造成重量上的不同。

左起: 碎叶茶一小勺为1克，一平勺为2克，一满勺为3克

3

将沸水倒入茶壶

先打开水龙头，把含有空气、哗啦啦流出的新鲜自来水倒入烧水壶。再开大火，将其煮沸至冒水泡的状态。然后倒掉之前用来预热茶壶的水，放入茶叶后，把烧好的水倒入茶壶。谨记：高温是使茶香充分溢出的必要条件。

❊ 为什么要用自来水？一般来说，瓶装水中的空气含量较少，且多经过加热杀菌处理。水质硬度较高的水，矿物质的含量也比较高，可能会破坏茶的口感，妨碍茶香的溢出。如果担心自来水的卫生问题，可以使用净水器。（有关详情请参见下页"适合冲泡红茶的水"）

❊ 一般应使用开水，但也有例外。比如大吉岭"银尖"等与其他茶叶相比发酵较为温和的脆弱茶叶，需要使用温度稍低的水冲泡，才能够在不损坏茶叶质感的同时冲泡出美味的茶。另外，上一页介绍了上等冷萃茶的制作方法，也可做为参考。和茶叶一样，水温也是多种多样的，不过请牢记温度和时间是成反比的——高温冲泡所需的冲泡时间短，低温冷萃所需的冲泡时间长。而且，由于析出速度不同，析出的茶叶成分也会有微妙的差异。无论是原产地、优品季节、发酵程度还是茶叶本身的形状，红茶都是形形色色、各不相同的，所以泡红茶的方法绝对不止一种——也正因如此，泡茶才趣味十足。

4

适度闷泡

盖上茶壶盖子。形状和等级不同的茶叶，所需的闷泡时间也有所区别。参考的闷泡时间标准为：整叶茶，5~6分钟；碎叶茶3分钟；CTC茶，2~3分钟；茶粉，1~2分钟即可。

5

稍微搅拌一下

在确认茶叶基本舒展，并都已沉入杯底之后，便可结束闷泡。打开茶壶盖子，用茶勺在壶底轻轻搅拌一下。这是因为经过闷泡后，影响茶汤味道的成分大都沉在壶底，所以搅拌后可使整壶茶的茶汤浓度达到统一。搅拌后品尝一口，如果希望茶的滋味再浓厚一些，可以将茶静置一会儿。

6

均匀地倒入各杯中

通过茶斗把茶倒进预热过的茶杯里。当茶杯数量较多时，为使各个杯中茶的浓度和茶汤颜色都保持均匀，要分多次倾注一杯茶，直到被称为"最棒一滴"的、那宝贵的最后一滴茶倒尽为止。水温过热会使人难以尝出红茶的味道，所以要先放置一会儿，待茶汤冷却到65~70℃的时候再饮用。这时便能品出茶的香气、甘甜等蕴藏于茶汤深处的美妙。

适合冲泡红茶的水

软水还是硬水

所谓软水，是指每升中矿物质含量较低的水。软水喝上去口感细腻柔滑，便于吞咽。因为能很好地突出食材本身的味道，所以不管是和海带、鲣鱼片等一起煮鲜汤汁，还是要蒸出松软可口的米饭，用软水都是再适合不过了。可以说，美味的日式料理都是通过软水烹调出来的。

与之相比，欧洲的水则是矿物质含量较高的硬水，口感比较粗糙，个性比较明显。因为会令食材变硬，所以用硬水烹调肉类、豆类及根茎类蔬菜时不易煮烂，也更容易煮出杂质，便于清除。用硬水煮出来的米饭粒粒分明，所以很适合制作西班牙海鲜饭或炒饭等菜品。日本以外地区的矿泉水，除极少一部分是软水以外，基本都是硬水。而日本的水，无论是自来水还是商店里出售的水，则几乎都是软水。

经典红茶的发源地——英国的水也是硬水

2003年，在英国皇家化学学会发表的学术文章中，有研究结果称"用软水冲泡红茶，更能品尝出茶叶的风味特点"。基于此结果，该学会宣布"软水更适宜冲泡红茶"。

用硬水泡红茶的话，硬水中含有的矿物质会与茶叶中的单宁结合，发生反应，形成不溶于水的油膜，导致茶汤变黑，口感变涩变重，甚至还会产生一股怪异的酸味。

反之，用软水冲泡的红茶，茶汤清澈透明，无论香气还是味道都能很好地被凸显出来。

在英国，为了令用硬水冲泡的红茶也能柔滑美味，最常用的办法是往浓茶中加入牛奶。这也最终成就了英国经典的红茶饮用方法。有人说"英国的红茶好喝"，或许正是因为感受到了奶茶所带来的魅力吧。

●硬水和软水的标准——日本标准与联合国世界卫生组织（WHO）所定标准[*]

		日本标准	WHO 标准
软水	软水	0 ~ 100 毫克 / 升	0 ~ 60 毫克 / 升
	中等程度的软水	–	60 ~ 120 毫克 / 升
硬水	中硬水	100 ~ 300 毫克 / 升	–
	硬水	300 毫克 / 升以上	120 毫克 / 升以上

[*] 将平均每 1 升水中的钙、镁离子含量全部换算成碳酸钙含量

与此相对，用软水冲泡红茶，不仅能突出茶叶本身所具有的茶香和茶味，还能泡出层次渐变、浓淡适宜的甘甜感以及清爽的微涩感。特别是当你想要品尝像大吉岭红茶这种口感细腻的上等茶叶的真味时，软水是不二之选。因为日本的自来水就是软水，这一得天独厚的优势使得人们在日本能够轻松地获得软水，享用原汁原味的红茶。像日本这样喜爱新茶，并且茶的种类如此丰富的国家，恐怕也不多见。日本人对茶的味道如此讲究，大概也就是源于这得天独厚的软水吧。

让空气进入的搅拌方式

一般认为，除了水的硬度，还能左右红茶味道的因素，便是"进入水中的空气"了。打开水龙头，往水壶里哗哗地灌水时，空气便会一起进入水中。据说水中进入的空气越多，泡红茶时茶叶就越容易"跳动"（即茶叶在水中上下翻腾）。

同样都是软水，但比起商店里出售的瓶装水，自来水泡出的茶之所以更好喝的原因，应该也和更多的空气进入自来水中有关。水一烧开就应立即倒入茶壶，也是同一道理，否则沸腾时间一长，空气就基本挥发了。然而，如果使用的是溶解氧含量较高的高氧水，就会因为过度增加水中的空气含量而导致茶中的单宁氧化，茶汤浑浊，口感变差。

为了让自来水泡的红茶更美味，最好不要使用隔夜水。因为静置了一夜的自来水中含有从供水管道的管壁内溶出的金属成分，会影响红茶的味道。倘若遇到水管长时间未使用的情况，可以先打开水龙头，用放出来的水洗衣服，让自来水流动片刻，恢复新鲜凉爽后，再它用来泡红茶。据说某家红茶店每天早上营业前都会打开水龙头放20分钟左右水，之后才开始取水泡茶。

软水　硬水

Ca²⁺ 钙离子
Mg²⁺ 镁离子

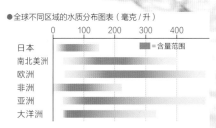

●全球不同区域的水质分布图表（毫克／升）

	0	100	200	300	400
日本				■＝含量范围	
南北美洲					
欧洲					
非洲					
亚洲					
大洋洲					

挑选茶壶的方法

先来看看茶壶的大小。红茶跟绿茶、中国茶等其他种类茶的冲泡方法不同，一般来讲，红茶不能反复冲泡，而是泡好一壶后便将其全部饮尽。为了保持红茶的香气和味道，可根据品茶的人数准备相应量的开水，令所有的美味全都集中在一壶茶中。换言之，茶壶的大小必须与所喝的量相匹配。

接着来聊聊茶壶的材质。说起茶壶的材质，薄胎的白瓷茶壶由于能较好地映衬出红茶的诱人汤色，所以非常适合在细细品味上等茶时使用。与茶壶相配的茶杯常以套装形式出现，成套的茶具最适合优雅的饮茶时光。

与之相对，敦实的厚胎陶器则有让茶不易冷却的优点。再说，陶器颜色较深的话，茶垢也不会显眼，因此非常适合日常使用。使用玻璃制的茶壶可令人欣赏到茶叶舒展、汤色变化的过程，同时茶叶的气味也不易附着于茶壶上，故而玻璃茶壶十分适用于品饮调味茶。

**挑选茶壶的关键在于确定其保温性如何，
是否便于闷泡、倾倒、清洗，
以及放到桌上后是否赏心悦目。**

瓷壶 经过高温烧制，
表面光滑柔嫩的洁白瓷器。
雅致端庄的外形能映衬出红茶诱人的汤色。

●则武牌无价之白白茶壶

产品尺寸：壶肚直径约 11 厘米，最大直径约 18.5 厘米，高约 12.4 厘米（含盖）/重量：约 255 克 / 容量：（满水时）约 510 毫升 / 材质：细瓷 / 可用洗碗机清洗 / 7000 日元。
详询：0120-575-571

与上述茶壶不同，在冲泡红茶时要尽量避免使用铁茶壶。铁茶壶会将红茶的颜色染黑，使红茶口感变差，但银茶壶、不锈钢茶壶不会出现上述问题。

要想长期使用一把茶壶，便于清洗是必不可少的条件。只有清洁干净的茶壶，才可以保证茶叶的味道与香气不发生改变。同时，还要特别留意茶壶盖与茶壶是否扣得紧。茶壶的盖子一定要能盖好，否则在向杯中倒茶时，会有盖子不慎掉落的风险。另外，还需要检查茶壶口有没有漏水现象。

能完美流畅地倒尽最后一滴茶汤功能的茶壶口，对茶壶来说也是不可或缺的一部分。

老字号茶具店里的经典商品大多具备了上述条件。历经多年改良的茶壶中，饱含制壶匠人们出色的制壶技艺。

不过，就茶壶选择而言，比起上述条件，更重要的或许是将它摆放在桌上时能否让饮茶人赏心悦目吧。

玻璃壶 能欣赏到茶叶舒展、茶汤颜色变化的过程。因气味不易附着，一个茶壶可用来冲泡不同种类的茶叶。

●丸形耐热玻璃茶壶
产品尺寸：宽 21.5 厘米，壶肚直径 12 厘米，高 12.5 厘米 / 容量：500 毫升 / 耐热玻璃 /4000 日元。
详询：0120-398-207
HARIO 股份有限公司
http://www.hario.com

陶 器 敦实的厚胎陶器加热后不易散温。如果是黑色陶壶，还不容易显出茶垢。英国制造的茶壶极具温馨的气息。

●布朗贝蒂茶壶
产品尺寸：壶肚直径约 12 厘米，最大直径约 19 厘米，高约 8.5 厘米 / 重量：约 460 克 / 容量：约 500 毫升 /4500 日元，因纯手工制作，故形状、重量略有偏差。
详询：042-724-5581
牛津时光（oxford-time）有限公司

阿萨姆、 尼尔吉里茶园

阿萨姆
ASSAM

赫尔马里茶园 HALMARI TEA ESTATE

哈提库里茶园 HATHIKULI TEA ESTATE

巴纳斯帕提茶园 BANASPATY TEA ESTATE

西加林伽茶园 WEST JALINGA TEA ESTATE

摩卡卢巴里茶园 MOKALBARI TEA ESTATE

尼尔吉里
NILGIRI

库拉昆达茶园 KORAKUNDAH TEA ESTATE

查姆拉吉茶园 CHAMRAJ TEA ESTATE

比利马来茶园 BILIMALAI TEA ESTATE

格兰迪卢茶园 GLENDALE TEA ESTATE

毗邻国家公园，
象群时常来访的有机种植茶园

哈提库里茶园
HATHIKULI TEA ESTATE

印度，阿萨姆 ＊ INDIA, ASSAM

茶园与世界遗产加济兰加国家公园相邻，公园里的大象时不时会到茶园中嬉戏玩耍。在阿萨姆语中，大象写作"hathi"，频繁写作"kuli"，两词合并便是茶园的名字（hathikuli）。为了保护环境，茶园采用有机种植法，即使用从天然的药草中提取出的调配剂，和以昆虫为原料制作而成的肥料来栽培植物。茶园致力于营造一个生物们彼此息息相关的生态环境——在茶园中，微生物栖息于土壤，土壤孕育植物，动物以植物为食。该茶园于2013年获得日本JAS认证，不仅生产CTC茶，也生产整叶茶。

有机阿萨姆红茶

经过强力发酵后气味香醇、涩味柔和、味道醇厚。可加入牛奶饮用，亦可随泡随饮。

[采摘时间]春、夏、秋季		[茶树]阿萨姆杂交种	
[品级]TGFOP		[价格]1200日元/100克	
[色]深红棕色		[香]醇香	
[味]醇厚			

☕ 随泡随饮，制作奶茶

🍵 500毫升　🌿 5克　🕐 3分钟

创立于：1908年/海拔：88米/茶园占地面积：4.75平方千米
地区：革拉嘎（Golaghat），阿萨姆
DATA　详询：马凯巴利日本代理商　http://www.makaibari.co.jp

73

【CL种】指将优良种的茶树扦插，从而使其繁殖的茶树育种方法。茶园仅种植产量大、品质优良、有较强抗病虫害能力的，具有相同优良基因的茶树，可有效提高生产率。

与激发茶树活力的药草
及牛、羊共存的有机种植

西加林伽茶园
WEST JALINGA TEA ESTATE

印度，阿萨姆 ＊ INDIA, ASSAM

西加林伽茶园坐落在阿萨姆南部察查县（Cachar）的小丘上。为了激活茶树自身的生命力和免疫力，茶园自2001年停用了一切化学肥料和农药。在印度古书《吠陀经》的启发下，茶园转而开始实践利用药草的有机种植方式，同时在茶园的土地上放养了比人还多的牛和山羊。这些动物的粪便成了茶树的肥料，动物与植物共存，最终促进了美味红茶的产出。该茶园于2014年获得了日本JAS认证。

西加林伽有机阿萨姆 CTC 茶

这种颗粒大小相同的CTC茶有醇厚的香气，颗粒坚固，味道温润。适宜做成奶茶饮用。

[采摘时间]春、夏、秋季	[茶树]阿萨姆杂交种
[品级]CTC	[价格]900 日元/100 克
[色]浓赤褐色	[香]浓醇
[味]果味	

☕ 制作奶茶、印度拉茶

🫖 500 毫升　🌿 5 克　🕐 3~5 分钟

创立于：1960 年/海拔：约 22 米/茶园面积：约 14 平方千米
地区：察查县（Cachar），阿萨姆
DATA　详询：马凯巴利日本代理商　http://www.makaibari.co.jp

印度

尼泊尔

斯里兰卡

肯尼亚

中国

日本

含有金箔的
醇香优质阿萨姆茶

摩卡卢巴里茶园
MOKALBARI TEA ESTATE

印度，阿萨姆 ✻ INDIA, ASSAM

摩卡卢巴里茶园是阿萨姆地区生产最高品质的传统茶叶的茶园之一，出产的茶叶香气绝妙，得到了公众的广泛好评。从地图上看，摩卡卢巴里茶园坐落在T字形的阿萨姆地区的右上角，位于布拉马普特拉河的南岸。茶园主要实行传统制茶法，致力于产出优质的红茶，寻找品质最好的茶树，一代一代坚持不懈地进行茶树品种改良和土壤改良，并坚持手工采茶。摩卡卢巴里茶园勇于进取的精神，渗入到了茶园的各个方面，生产出的红茶里也饱含着茶园的制茶激情。摩卡卢巴里茶园不仅在欧洲极负盛名，在世界其他各地的红茶爱好者中也享有很高的知名度。

2014 年摩卡卢巴里阿萨姆红茶

[采摘时间] 2014 年 5 月 27 日 [茶树] 阿萨姆杂交种

[品级] STGFOP1-S　　　[价格] 1600 日元 /50 克

[色] 清亮的红褐色　　　[香] 麦芽威士忌酒

[味] 优雅甜美

 随泡随饮，制作奶茶　🎒 180 毫升

🌱 2.5 克　🕐 3~4 分钟

散落在红褐色的橙白毫中的点点金箔在茶水中一目了然。此茶既保有阿萨姆茶特有的醇香口感，又有丝丝甜味和高级麦芽威士忌酒般的香气。

创立于：1876 年 / 海拔：不明 / 茶园占地面积：8.11 平方千米
地区：迪布鲁格尔（Diburugarh），阿萨姆
DATA　详询：TEAPOND 红茶专卖店 http://www.teapond.jp

用系统全面的茶树种植法培育而成，
阿萨姆中珍贵的整叶茶

巴纳斯帕提茶园
BANASPATY TEA ESTATE

印度，阿萨姆 ＊ INDIA, ASSAM

巴纳斯帕提茶园坐落于T字形的阿萨姆地区，位置恰好在T字交叉点附近。茶田位于阿萨姆溪谷的中央地带，布拉马普特拉河南岸一座海拔200米的小山丘上。巴纳斯帕提茶园受益于经河流滋养的肥沃土地，利用自然的力量，进行系统全面的茶树种植。茶园引进生物动力农法，在茶田内有各种各样繁茂的植物与茶树共生共长。茶园基于传统制茶法，主要生产在阿萨姆茶中十分少见的整叶茶。此种茶叶是珍贵的高级茶叶，茶园也因此得到了很高的评价。

巴纳斯帕提阿萨姆红茶

[采摘时间]夏季	[茶树]阿萨姆杂交种
[品级]FTGFOP1	[价格]463 日元/50 克
[色]深红色	[香]清爽轻盈
[味]口感温润	

☕ 随泡随饮，制作奶茶

🍵 1 杯茶　🍃 3.5 克　⏱ 3 分钟

🏠 创立于：1905 年/海拔：150 米 ~220 米/茶园占地面积：0.53 平方千米
 地区：卡比昂隆（Karbi Anglong），阿萨姆/已取得日本 JAS 认证
DATA　详询：大吉岭红茶专卖店 http://www.the-darjeeling.com

运用卓越技术、倾尽人力资源生产的
陈年阿萨姆红茶

赫尔马里茶园
HALMARI TEA ESTATE

印度，阿萨姆 ＊ INDIA, ASSAM

赫尔马里茶园拥有85年的历史，是一个掌握着卓越技术的著名茶园，出产的高品质红茶在欧洲享有极高声誉，经常在拍卖会中拍出高价。茶园坐落于阿萨姆地区著名茶园的聚集之地，虽然面积不大，却拥有美丽丰富的自然环境。尤其难得的是，赫尔马里茶园坚持传统制茶法。在赫尔马里茶园中，热销产品双G级（GTGFOP，红茶的品级）赫尔马里黄金茶只选取初夏采摘的少量优质新芽，是含有较多芽尖的阿萨姆茶的巅峰之作。

2012 年陈年阿萨姆红茶

[采摘时间] 2012 年 7 月	[茶树] 阿萨姆杂交种
[品级] GTGFOP1	[价格] 1852 日元 /50 克
[色] 橘色	[香] 蜜香
[味] 浓郁芳醇	

☕ 随泡随饮，制作奶茶

🫖 360 毫升　🍃 5 克　⏱ 沸水冲泡 4 分钟

茶叶主体为经过发酵后的芯芽，即"金尖"（golden chip）。此款茶叶奢华感十足，茶汤是美丽的橘色，晶莹澄澈。2012年的产品是红茶中罕见的年份茶。经过三年时间成熟的年份茶，味道兼顾浓醇与清爽。

创立于：1930 年 / 海拔：100 米 / 茶园占地面积：3.74 平方千米
DATA　地区：迪布鲁格尔，阿萨姆
详询：tastea 茶叶售卖网站 http://tea-auction.net

用阿萨姆 CTC 红茶
制作印度拉茶和奶茶

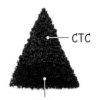

CTC

茶末

阿萨姆红茶特有的 CTC 制茶法使茶叶口感浓醇，
用它制作含有香料的印度拉茶及醇厚的皇家奶茶（参考 p.174）
是不二之选。

●制作要点

如果直接将茶叶放入牛奶中沸煮，牛奶中的蛋白质成分会覆盖于茶叶表面，阻碍茶的香气和味道的释放，导致制作过程中所需茶叶量增多，沸煮时间延长。故而，即便是制作奶茶，也最好预先用少量热水泡一些浓茶，然后加入牛奶。这样不仅可以避免上述直接用牛奶煮茶时的问题，还可以更好地突出茶叶的特点。

●一人饮用量的所需材料

阿萨姆 CTC 红茶　1 茶匙（约 3 克）

牛奶或豆浆、水（比例可参考下方）

1 杯（约 180 毫升）

喜欢的香料（如肉桂、小豆蔻、肉豆蔻、丁香、黑胡椒、生姜、迷迭香、橘皮等）

●牛奶和水的参考比例

☆☆☆浓醇 …… 牛奶　1 杯

☆☆　适中 …… 牛奶　2/3 杯

　　　　　　　水　　1/3 杯

☆　　清淡 …… 牛奶　1/2 杯

　　　　　　　水　　1/2 杯

●制作方法

1　将茶叶放入小锅，额外加入能将茶叶泡开的水，加热。水沸腾后关火，盖上盖子闷泡 3 分钟左右。若要在其中加入香料，请在放入茶叶的同时放入香料。

2　向已完成步骤 1 的锅内倒入一杯牛奶（或牛奶与水的混合液）。为防止奶茶焦煳，需用小火熬煮并注意搅拌。沸腾煮开后关火，盖上盖子闷泡 3 分钟左右。

3　使用滤茶器将奶茶注入杯内，按照喜好，加入蜂蜜、糖浆或糖饮用。

●印度拉茶用有机香料

粗碾并混合了5种使用生物动力农法栽培而得的香料。可以让人享受到纯正的印度拉茶。香料用量为所放茶叶量的一半。

原材料：有机丁香、小豆蔻、生姜、黑胡椒、肉桂（斯里兰卡产）
600日元/30克　详询：马凯巴利日本代理商 http://www.makaibari.co.jp

●有机印度拉茶

混合了产自乌沃的有机红茶和5种有机香料。仅以此茶包即可享受到辛香的印度拉茶。闻起来有小豆蔻、丁香的清爽香气。另外，因茶包中添加了生姜，还能起到温暖身体的作用，是寒冷天气、空调房内使身体回温的法宝。

原材料：有机红茶、肉桂、小豆蔻、生姜、胡椒、丁香（斯里兰卡产）
380日元/30克　详询：日本利马公司 http://www.lima.co

大树不仅能遮阳，还能在干燥茶叶时用作燃料。

加入了公平贸易运动（Fair Trade）的茶农们。致力于活用当地风土气候，实现无农药茶叶及香料的栽培。

揉捻茶叶的景象。工厂各处都遵循日本式5S管理规范[1]，清洁有序。

拜尔福（BIOFOODS）公司的茶田。除了茶树外，还混种有各种药草和香料。

胡椒的藤蔓。此胡椒是香气袭人的一等品。

由茶农自然晒干的丁香。

---

1 日本5S管理规范：即Safety（安全）、Sales（平价）、Standardization（标准）、Satisfaction（满意）、Saving（节约）。——译者注

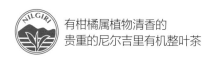

有柑橘属植物清香的
贵重的尼尔吉里有机整叶茶

库拉昆达茶园
KORAKUNDAH TEA ESTATE

印度，尼尔吉里 ＊ INDIA, NILGIRI

库拉昆达茶园是尼尔吉里地区中少有的有机茶园，因此享有"生产健康红茶的茶园"的盛誉。库拉昆达茶园的茶田坐落在尼尔吉里的古提（Ooty）丘陵地区，与崇山峻岭的大吉岭不同，虽然海拔也在2000-2400米，但地势相对平缓。同时，库拉昆达茶园虽地处印度南部，但由于海拔较高，所以冷暖温差较大。此地日晒强烈，因此需要绿荫树来为茶树遮蔽阳光，但同时降雨量大，十分适宜茶树的栽培种植。另外，冬天的严寒和有机经营方式培育出的富饶土壤，使茶叶带有柑橘类植物般的清香。

库拉昆达尼尔吉里茶

有如同柠檬等柑橘属植物的清爽香气。味道细腻柔和，入喉清爽，是典型的传统制茶法产出的茶叶的味道。

[采摘时间] 冬季	[茶树] 阿萨姆杂交种
[品级] FOP	[价格] 463 日元 /50g
[色] 橘色	[香] 柠檬般的香气

[味] 传统制茶法产出的茶叶的味道

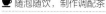

随泡随饮，制作调配茶

350 毫升　3.5 克　3 分钟

创立于：1922 年 / 海拔：2000~2400 米 / 茶园占地面积：9 平方千米
地区：尼尔吉里，泰米尔纳德邦
DATA　详询：大吉岭红茶专卖店 http://www.the-darjeeling.com

最高海拔 2400 米，
生产稀有的高级尼尔吉里红茶的美丽茶园

查姆拉吉茶园
CHAMRAJ TEA ESTATE

印度，尼尔吉里 ＊ INDIA, NILGIRI

查姆拉吉茶园是尼尔吉里地区具有代表性的茶园。之所以这样说，是因为尼尔吉里地区的茶园多生产CTC茶，而查姆拉吉茶园则十分罕见地致力于生产整叶茶。为了产出浓香的红茶，茶园十分重视培育大吉岭纯种茶树。查姆拉吉茶园分布于海拔1800米以上的高地，在海拔相对低的地方种植阿萨姆杂交种茶树，在海拔较高的地方栽培中国杂交种茶树。内有寺院，整个茶园修整得如同公园般美丽。跟与喜马拉雅山脉相邻近的大吉岭和阿萨姆不同，查姆拉吉茶园所在的印度南部地区气候适宜，一年四季都可进行红茶栽培。

查姆拉吉尼尔吉里茶

花香轻盈扑鼻，有爽口水果味。涩味清淡，口感良好。饮用此茶时无须特别注意什么，可轻松享用。

[采摘时间] 冬季		[茶树] 中国杂交种	
[品级] FOP		[价格] 649 日元 /50 克	
[色] 深红褐色		[香] 轻盈花香	
[味] 舒畅爽口			

☕ 随泡随饮

🫖 350 毫升　🌿 3.5 克　🕐 3 分钟

创立于：1922 年 / 海拔：1800~2400 米 / 茶园占地面积：1.5 平方千米
地区：巴拉克拉镇，泰米尔纳德邦
DATA　详询：大吉岭红茶专卖店 http://www.the-darjeeling.com

专注绿茶生产的茶园，于 2012 年推出
新红茶品牌"AVATAA"[1]

比利马来茶园
BILIMALAI TEA ESTATE

印度，尼尔吉里 ＊ INDIA, NILGIRI

比利马来茶园位于南印度有"蓝山"之称的尼尔吉里，是一座历史悠久的专
门从事绿茶生产的茶园。茶园海拔1900米，登上茶园的最高处，可将尼尔
吉里地区的绝佳景色尽收眼底。比利马来茶园取得了雨林联盟（Rainforest
Alliance）[2]认证，是一个坚持保护生态多样性和重视可持续发展的独特茶
园。以前，比利马来茶园仅生产绿茶，不从事红茶的生产。2012年，茶园
推出红茶品牌"AVATAA"，开始少量生产红茶。

比利马来 AVATAA 银尖茶

[采摘时间]2014 年 3 月	[茶树]纯种
[品级]AVATAA 银尖	
[价格]1667 日元 /30 克	
[色]黄金色	[香]爽朗涩香
[味]微甜涩味	

☕ 随泡随饮

🍵 360 毫升　🌿 5~8 克　🕐 4~6 分钟

仅用采摘的新芽制成的银尖。
在冲泡的过程中，茶叶在玻
璃茶壶中徐徐展开的样子分
外美丽，是一
款让人备感新
鲜的红茶。

🏠 创立于：1919 年 / 海拔：1900 米 / 茶园占地面积：1 平方千米
DATA 地区：卡特里，古努尔，尼尔吉里，泰米尔纳德邦
详询：tastea 茶叶售卖网站　http://tea-auction.net

1　ATATAA：红茶品牌。在梵语中是"新鲜"的意思。——译者注
2　雨林联盟成立于1987年，总部设在美国纽约，是非营利性质的国际非政府环境保护组
织。——译者注

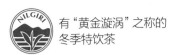

有"黄金漩涡"之称的
冬季特饮茶

格兰迪卢茶园
GLENDALE TEA ESTATE

印度，尼尔吉里 ＊ INDIA, NILGIRI

冬季特饮茶在红茶中是一个珍贵罕见的品种，因它选取了尼尔吉里茶叶中品质最好的1~2月份的芯芽，并将一芽一叶仔细且小心地加以搓捻，使得该茶叶成为了高端名品。格兰迪卢茶园自尼尔吉里生产咖啡豆的时代开始创立，到现在已经有150多年的历史，是南印度赫赫有名的生产高级红茶的茶园。令人感到惊叹的是，茶园内至今还运行着蒸汽机车和尼尔吉里山区铁路。该茶园已取得雨林联盟认证。

格兰迪卢黄金漩涡茶

[采摘时间] 2015 年 1 月　[茶树] 阿萨姆杂交种

[品级] GOLDEN TWIRL　[价格] 2037 日元 /30 克

[色] 金黄色　　　　　[香] 如花般的清爽香气

[味] 爽口

☕ 随泡随饮

🍵 360 毫升　🌿 4~5 克　🕐 4~5 分钟

茶名是"金色茶叶不断旋转"的意思。该茶是选取形如其名的高品质芯芽，认真仔细地搓捻而得。茶水呈金黄色，饮用时没有需要特别注意的事项，入喉清爽。

创立于 : 1860 年 / 海拔 : 1200~1800 米 / 茶园占地面积 : 1.8 平方千米
地区 : 古努尔，尼尔吉里，泰米尔纳德邦
DATA　详询 : tastea 茶叶售卖网站 http://tea-auction.net

尼泊尔茶园地图

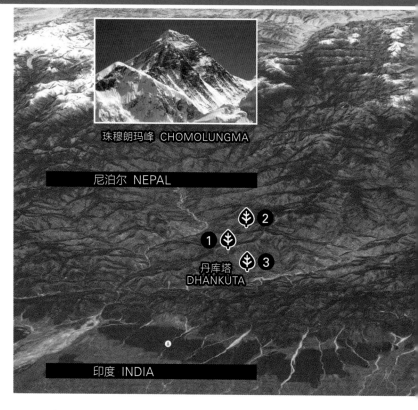

珠穆朗玛峰 CHOMOLUNGMA

尼泊尔 NEPAL

丹库塔
DHANKUTA

印度 INDIA

尼泊尔
NEPAL

1 柯蓝塞茶园
GURANSE TEA ESTATE

2 库瓦帕尼茶园
KUWAPANI TEA ESTATE

3 月光茶园
JUN CHIYABARI
TEA ESTATE

4 雾谷茶园
MIST VALLEY
TEA ESTATE

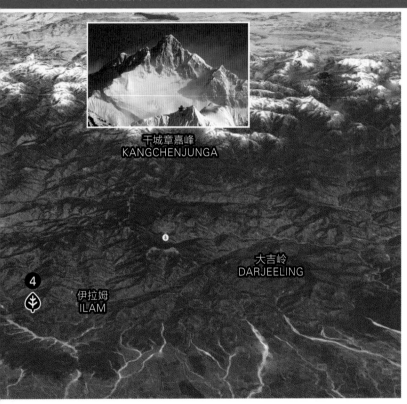

尼泊尔的茶园位于世界最高峰珠穆朗玛峰、世界第三高峰干城章嘉峰的山脚下。喜马拉雅山脉环抱下的尼泊尔茶园面积辽阔，有得天独厚的自然环境，承蒙美丽富饶的大自然的恩泽，是海拔 1000~2200 米的高山茶叶产地。

干城章嘉峰
KANGCHENJUNGA

大吉岭
DARJEELING

④
⊛

伊拉姆
ILAM

以红茶支援尼泊尔大地震受灾地

2015 年 4 月 25 日与 5 月 12 日，尼泊尔发生了两次大地震。之后，4 月采摘的春摘茶进入了日本市场。因品质上乘而备受瞩目的红茶业是尼泊尔的宝贵产业，人们纷纷通过购买红茶，来支援尼泊尔的灾后重建。

由手摘与手搓的纯手工技法制作而成的高品级茶叶。冲泡后茶汤呈黄金色，有柑橘一般的清爽涩感与纯净甜味。

1574 日元/30 克。详询：tastea 茶叶售卖网站 http://www.tastea.com

让人能联想到杜鹃花甘甜香味，
饱含高雅气质的尼泊尔贵族茶园

柯蓝塞茶园
GURANSE TEA ESTATE

尼泊尔，丹库塔 ＊ NEPAL, DHANKUTAI

茶园的名字在当地语言里指"石楠花"，而杜鹃花是尼泊尔的国花。该茶园出产的茶叶正如茶园的名字一般，拥有花的馥郁芳香，雅致的甜味是它的特色。茶园地处尼泊尔国内海拔最高处，最高点海拔在2000米以上。在喜马拉雅山怀抱下的丹库塔东部地区，可以见到广袤而美丽的茶田。比起高产量，茶园更注重高质量，手工采摘下来的一芽二叶，以人工搓揉，才精心制成茶。柯蓝塞茶园也致力于有机种植，并取得了澳大利亚的NASAA(the National Association for Sustainable Agriculture, Australia，澳大利亚农业可持续发展联合会)有机认证。

2014 年夏摘茶 白毫针尖 G-46

[采摘时间]2014 年夏季	[茶树]纯种中国种
[品级]FOP	[价格]1000 日元 /25 克
[色]金黄色	[香]甜味花香
[味]甘甜清爽	

☕ 随泡随饮

🧳 300 毫升　🌿 3 克　⏱ 5~6 分钟

以闪耀着银光的美丽芽尖为特色的手搓茶叶。金黄色的茶汤里漂浮着松软的一芽二叶，令人赏心悦目。甜美柔和的馨香令人不禁想起可爱的花朵，柔美的风味中饱含高雅的气质，给人留下满满的冷艳之感。

创立于 : 1955 年 / 海拔 : 1100~2200 米 / 茶园占地面积 : 1.58 平方千米
地区 : Hile 镇，丹库塔，尼泊尔
DATA　详询 : 利福乐公司 http://shop/leafull/co.jp

从大吉岭的纯种茶
到日本薮北茶（Yabukita）都有种植的茶园新秀

月光茶园
JUN CHIYABARI TEA ESTATE

尼泊尔，丹库塔 ＊ NEPAL, DHANKUTA

这座茶园的历史虽不算悠久，但有取自大吉岭的优质扦插茶苗，并致力于实施自然农法，是一座积极进取的茶园。海拔1800米处的广袤茶田里，不仅种植着托克达（Tukdah）茶园的T78、丰瑟琳（Phoobsering）茶园的P312等纯种茶，还种植着日本的薮北茶。在这里，绿茶、乌龙茶、红茶被按发酵程度分别制作。这座位于喜马拉雅山脉的独特的新秀茶园，还提出了非发酵茶、半发酵茶、全发酵茶的饮用分类。

2011 年春摘茶 喜马拉雅橙白毫

含有大量芽尖且叶片略大，发酵后带浅绿色。清香与微甜中深藏涩味，又不失醇和。与绿茶相似，可以冲泡2~3次。

[采摘时间] 2011 年春季　[茶树] 中国杂交种

[品级] HOR　　　　　[价格] 760 日元 /50 克

[色] 通透的亮黄色　　　[香] 清爽的柑橘类植物淡香

[味] 柑橘类微涩的味道

☕ 随泡随饮，制作冰红茶

🫖 300 毫升　🍵 3 克　🕐 3~4 分钟

创立于 : 2001 年 / 海拔 : 1800 米 / 茶园占地面积 : 0.75 平方千米
地区 : Hile 镇，丹库塔，尼泊尔
DATA 详询 : Selectea 茶叶公司 http://selectea.co.jp

生产被冠以喜马拉雅高峰
"马卡卢"（Makalu）之名的春摘茶

库瓦帕尼茶园
KUWAPANI TEA ESTATE

尼泊尔，丹库塔 ＊ NEPAL, DHANKUTAI

尼泊尔的红茶产地主要集中在两个地方：一个是与大吉岭接近的伊拉姆（Iram）；一个是西边60千米以外、库瓦帕尼茶园所在的丹库塔。库瓦帕尼茶园在海拔1800米处，与丹库塔城区之间有超过600米的海拔差，旁边就是柯蓝塞茶园。从茶园眺望，因为能够望见号称世界第五高峰的马卡卢峰，所以茶园就以"马卡卢"为由大量芽尖制成的顶级茶叶命名。库瓦帕尼茶园比一般尼泊尔茶园的海拔还要高出200米，因此能够采摘到更高品质的茶叶。

2015 年春摘茶 库瓦帕尼马卡卢特级芽尖茶

[采摘时间] 2015 年 4 月 　　[茶树] 扦插种

[品级] Makalu Tippy Special

[价格] 1296 日元 /30 克 　　[色] 金黄色

[香] 典型春摘茶的鲜爽风味

[味] 爽口的涩与甜

☕ 随泡随饮

🫖 360 毫升 　🌿 6 克 　🕐 4 分钟

含有大量芽尖，手工轻轻揉搓而成的茶叶。因为发酵时间不久，所以新绿的叶片大半都保留了下来。这款茶类似大吉岭的高级春摘茶。茶汤色较浅，拥有自然清香。

创立于：1998 年 / 海拔：1800 米 / 茶园占地面积：0.4 平方千米
地区：Hile 镇，丹库塔，尼泊尔
DATA 详细：tastea 茶叶售卖网站 http://tea-auction.net

浓雾孕育的高品质茶叶，
与大吉岭接壤的新兴尼泊尔茶园

雾谷茶园
MIST VALLEY TEA ESTATE

尼泊尔，伊拉姆 ＊ NEPAL, ILAM

正如其名，广阔的雾谷茶园位于浓雾山谷之中。它创建于1989年，是个年轻的茶园，地处尼泊尔东部的伊拉姆地区，海拔高度约1300米，离大吉岭很近，仅相隔40千米左右，两地的制茶工匠也有频繁的交流。雾谷茶园茶叶的品种和优品季节都与大吉岭的红茶茶园保持同步，以达到生产大吉岭风格的红茶的目的。换言之，雾谷茶园的质量是相当有保证的。雾谷茶园还提出了"红茶生产应与茶园、茶农、自然共生"的理念，同时也致力于整体化农法。目前，雾谷茶园正在努力争取获得有机认证。

雾谷 2014 年 EX-57 芽尖茶

[采摘时间] 2014 年 11 月 7 日

[茶树] 中国杂交种的扦插种

[品级] SFTGFOP1 　　 [价格] 1150 日元 /50 克

[色] 蜂蜜色 　　　 [香] 春日花香

[味] 清新淡爽

☕ 随泡随饮

🍵 180 毫升　♦ 2.8 克　🕐 3~4 分钟

这款细芽红茶是比往年晚一个月收获的2014年尼泊尔秋摘茶。11月收获的这款茶叶口感纯净，很容易与春摘茶混淆。它不仅有秋摘茶特有的平和滋味，也蕴含着春日里开放的鲜花花香。茶汤蜂蜜般的色泽也是独一无二的。

创立于 : 1989 年 / 海拔 : 1300 米 / 茶园占地面积 : 0.1 平方千米
地区 : 伊拉姆
DATA 详询 : TEAPOND 红茶专卖店 http://teapond.jp

斯里兰卡是一座红茶之岛，分为高、中、低三块海拔不同的区域，其间错落有致地分布着5个红茶产地。斯里兰卡岛属热带季风气候，夏、冬为雨季，春、秋为旱季。季风不仅深深地影响着岛上的气候，还决定了红茶的高品质。在地形和季风的共同影响下，斯里兰卡孕育了众多著名红茶。

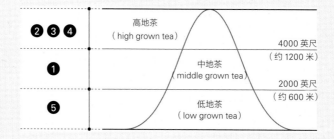

1 康提 KANDY

2 汀布拉 DIMBULA

3 努沃勒埃利耶 NUWARA ELIYA

4 乌沃 UVA

5 卢哈纳 RUHUNA

1 康提 KANDY

斯里兰卡的第一块红茶产地，培育的茶叶单宁含量少、涩味轻，不易产生"冷后浑"现象，可用于冲泡冰红茶。

克雷格黑德茶园 CRAIGHEAD TEA ESTATE
罗斯柴尔德茶园 ROTHCHILD TEA ESTATE

2 汀布拉 DIMBULA

和乌沃分别位于山的两侧。虽然两地近在咫尺，但由于季风等影响，汀布拉的优品季节是隆冬，与山对面的乌沃完全相反。但此地的红茶带有少许近似乌沃红茶的芳醇。

大西方茶园 GREAT WESTERN TEA ESTATE
拉克丝帕纳茶园 LAXAPANA TEA ESTATE

3 努沃勒埃利耶 NUWARA ELIYA

岛内海拔最高的红茶产地。据说因为此地温差大，所以培育出的茶叶芬芳扑鼻。工厂采用传统制茶法，生产出的红茶香味高雅、汤色清淡。

佩德罗茶园 PEDRO TEA ESTATE
寇特罗奇茶园 COURT LODGE TEA ESTATE

4 乌沃 UVA

乌沃红茶与大吉岭茶、祁门红茶并称为世界三大名茶，以其独一无二的薄荷清香著称。

萨尼亚茶园 SARNIA TEA ESTATE

5 卢哈纳 RUHUNA

在卢哈纳当地的高温作用下，茶叶充分发酵，泡出的茶汤呈深红色。有趣的是，它口感丝滑、绵长不绝，味道却偏清淡。卢哈纳是最近颇受关注的产茶区。

塞西利恩茶园 CECILIYAN TEA ESTATE
西塔卡茶园 SITHAKA TEA ESTATE

保持着英式庭院的原貌，
在风光明媚的土地上培育出华丽红茶

罗斯柴尔德茶园
ROTHCHILD TEA ESTATE

斯里兰卡，康提 ＊ SRI LANKA, KANDY

锡兰红茶（因斯里兰卡的旧称而得名）有高地茶、中地茶和低地茶之分，不过决定其类别的并不是茶园的海拔，而是制茶工厂的海拔。该茶园属于中地茶园。沿着蜿蜒的罗斯柴尔德茶园路登上山顶后，广阔的茶园豁然可见，除了茶园，还能看见具有殖民时期建筑风格的英式庭院。罗斯柴尔德茶园的优品季节在冬天。从孟加拉湾吹来的东北季风在岛的东北部形成降雨，继而化为舒爽的风吹向茶园。于是，茶叶中水分减少，香味变浓，味道变得越发美好。

罗斯柴尔德茶园 CTC 茶

味似熟杏，有酸甜的芳香，又同时带有类似于麦芽的香味。越品越醇厚，回味悠长，令人难忘。

[采摘时间] 全年	[茶树] 阿萨姆杂交种
[品级] CTC PF1	[价格] 详见网站主页
[色] 暗红褐色	[香] 酸甜花香
[味] 似麦芽，回味悠长	

🫖 随泡随饮，制作奶茶、冰红茶

🫖 140 毫升　❦ 3 克　🕐 2 分钟

创立于：1885 年 / 海拔：600 米 ~1000 米 / 茶园占地面积：未知
地区：罗斯柴尔德茶园路
DATA　详询：Aoyama Tea Factory 锡兰红茶专卖店 http://a-teafactory.com

由实生苗长成的茶树占比高达 40%，
拥有一个世纪历史且获得康提冠名资格的茶园

克雷格黑德茶园
CRAIGHEAD TEA ESTATE

斯里兰卡，康提 ＊ SRI LANKA, KANDY

在该茶园中，不靠嫁接而是直接由种子发芽长成的实生茶树占茶园茶树总量的40%，余下的60%是高产量的人工扦插种茶树。克雷格黑德茶园不仅拥有上百年的历史，还是为数不多的能够冠以康提制造之名的茶园。茶园位于斯里兰卡中央山脉的山间平地，靠近纳沃勒皮蒂耶镇（Nawalapitiya），海拔1150米。因为茶园位于中高产地，所以克雷格黑德茶被归入中地茶一类。近年来，斯里兰卡的许多茶园都关闭了自己的制茶工厂，只销售未经加工的茶叶，但是这家茶园仍然坚持严格管理，并销售自己生产、自己加工的茶叶。

克雷格黑德康提茶

[采摘时间] 春季	[茶树] 阿萨姆杂交种
[品级] BOP1	[价格] 1100 日元 /70 克
[色] 深橘色	[香] 浓干果香
[味] 杏子般的酸甜味	

☕ 随泡随饮，制作冰红茶

🫖 350 毫升　🍃 4 克　⏱ 3 分 30 秒

茶叶散发着成熟的干果芳香。茶汤呈深橘色，口感爽滑似果汁。品一口，果香暗涌，带有微微的苦涩，杏子般的酸甜和浓缩的甘美在唇齿间回荡。既适合随泡随饮，也适合泡冰红茶或作调配茶的基底。

创立于：1915 年 / 海拔：1150 米 / 茶园占地面积：未知
地区：乌达亨特纳村
DATA　详询：Mitsu Tea 锡兰红茶专卖店　　http://www.rakuten.ne.jp/gold/mitsutea

经特殊低温发酵而成的奢华芬芳

大西方茶园
GREAT WESTERN TEA ESTATE

斯里兰卡，汀布拉 ＊ SRI LANKA, DIMBULA

大西方茶园是汀布拉的三大茶园之一，自古以来就出产品质优良的红茶。茶园位于斯里兰卡西南部、雄伟的大西部山山麓下的塔勒沃凯莱镇（Talawakelle），海拔1448米。大西方茶园近来在汀布拉著名茶园中异军突起，享受盛誉，最值得一提的是该茶园红茶的醇香——芳醇的花香令其在品质公认的汀布拉茶中异常出色。这种浓郁的花香是着香季（flavor season）出产的茶叶所特有的。其醇香的秘密之一，就是充分利用当地夜晚的低温，在晚上九点以后进行发酵。

2015 年巅峰品质茶 汀布拉茶

[采摘时间] 春季	[茶树] 阿萨姆杂交种
[品级] BOPF	[价格] 详见网站主页
[色] 深红褐色	[香] 甘甜花香
[味] 浓郁的原味和悠长的回味	

☕ 随泡随饮，制作奶茶

🫖 140 毫升　🍃 3 克　🕐 3 分钟

2015 年的巅峰品质的新茶。茶叶紧实，不负大西方茶园的盛名，有高品质的、沁人心脾的甘甜香味，无论随泡随饮还是泡奶茶，味道都十分甘美。茶叶经充分发酵，泡出的红茶温暖身心。

创立于：1885 年 / 海拔：1448 米 / 茶园占地面积：6.28 平方千米
地区：塔勒沃凯莱镇
DATA 详询：Aoyama Tea Factory 锡兰红茶专卖店 http://a-teafactory.com

来自圣地亚当峰山麓，
浑厚香浓，带有青苹果的清爽芳香

拉克丝帕纳茶园
LAXAPANA TEA ESTATE

斯里兰卡，汀布拉 ＊ SRI LANKA, DIMBULA

斯里兰卡的圣地亚当峰（Adam's Peak）也被称为"Sri Pada"，意思是"神圣的足迹"。在亚当山山麓的马斯凯利耶镇（Maskeliya），坐落着著名的拉克丝帕纳茶园。该园出产的茶叶频频在科伦坡茶叶拍卖会上拔得头筹，名满全球。从西海岸附近的科伦坡驱车笔直向东行驶约4小时，即可到达。一口气登上山顶，便能看见漫山遍野的茶田。汀布拉出产的茶叶一向品质优秀且稳定，而该茶园更是其中的翘楚。

拉克丝帕纳汀布拉茶

[采摘时间] 全年	[茶树] 阿萨姆杂交种
[品级] BOP	[价格] 1100 日元 /80 克
[色] 深赤铜色	[香] 缤纷花香
[味] 浑厚香浓	

☕ 随泡随饮，制作奶茶、冰红茶

🏺 350 毫升　🍃 4 克

🕐 3 分 30 秒（随泡随饮），5 分钟（奶茶）

该茶香味繁复，有花束的缤纷花香和青苹果的清香。茶叶本身的口感浑厚甘美，后味稍稍变淡。如果闷泡五分钟，则十分适合制作奶茶。

创立于：1870 年 / 海拔：1260 米 / 茶园占地面积：3.92 平方千米
地区：马斯凯利耶镇
DATA 详询：Mitsu Tea 锡兰红茶专卖店　http://www.rakuten.ne.jp/gold/mitsutea

斯里兰卡的"奇里帖"（kiri tea）

MitsuTea 锡兰红茶专卖店法人代表　中永美津代

在印度洋上，静静地伫立着一座小岛——斯里兰卡。以锡兰红茶为契机，我慢慢地迷上了斯里兰卡的红茶，后来决定辞去当时的工作，来到斯里兰卡进行为期一年的红茶修行。抱着"如果去斯里兰卡的话，那大概每天都能享用到不同特征的红茶以及刚出炉的新茶吧"的想法，我意气风发地来到了这里，却发现事实并未如所愿——在大街上居然连红茶的影儿都没见到。

实际上，斯里兰卡人每天喝的茶是一种叫"奇里帖"的奶茶。在僧伽罗语中，"奇里"的意思是牛奶，"帖"则是指红茶。这种茶由多个品种混合而成并磨成粉末的茶叶，加上全脂奶粉和足量砂糖制成。冲泡时，用双手拿着两个分别装有茶水和奶的巨大的马克杯，从高处气势猛烈地把奶和茶倒到同一个杯子里，香味浓郁、味道甘甜、令人心神荡漾的奶茶就做好了。这就是斯里兰卡人日常享用的红茶。

在我所在的寄宿家庭里，每天早晨，家里的妈妈都会给家庭成员制作奇里帖，然后一边说"早上好"，一边把它们送进每个人的房间——这是被称作"起床茶"的助人清醒的红茶。除此之外，还有上午茶和下午茶。在斯里兰卡，无论是在办公室还是在家里，都有专门的饮茶时间，可以让大家慢慢地享用红茶。吃着饼干、喝着奇里帖，和亲友或同事闲谈一阵，这份惬意正是斯里兰卡人能量的来源。

● MitsuTea 锡兰红茶专卖店　＊也开办红茶教室，详见网站主页。
http://www.rakuten.ne.jp/gold/mitsutea
神奈川县横滨市中区石川町 2-69 Maison Libreville 1F　电话、传真：045-263-6036

● 奶茶专用红茶

玛塔克利（Mattakelle）茶园

玛塔克利茶园是位于斯里兰卡中部汀布拉地区的著名茶园，海拔1372米。这款茶品级为Dust 1，以草木鲜香为主，甘甜之味层层扩散。特色之一是茶叶紧实，但口感爽滑。适合与牛奶搭配，冲泡口味温和的奶茶，完美演绎正统英式奶茶的风味。1100日元/80克。

● 姜茶

●来自6大茶园的优品季节茶叶套装

MitsuTea原创的拼配茶，选用高知县四万十川流域培育的生姜的粗磨颗粒，配以康提茶叶。鲜明的生姜味和茶叶的甜味使它拥有众多回头客，是人气商品之一。价格为619日元/40克。

能享用到6个茶园各自的非混合红茶套装。个性鲜明，风格迥异。每包3.5克~7克，共6包，1000日元。

创立于 19 世纪 80 年代，
历史辉煌的、至今仍在运作的制茶工厂

佩德罗茶园
PEDRO TEA ESTATE

斯里兰卡，努沃勒埃利耶 ＊ SRI LANKA, NUWARA ELIYA

佩德罗茶园成立于19世纪80年代，里边有努沃勒埃利耶的首批机械化制茶工厂，创立至今已有逾130年的历史，依旧孜孜不倦地制作着红茶。工厂位于茶园的最高处，海拔1910米，俯瞰着广阔的茶园。虽然此处年平均气温只有15℃，但由于白天日照强烈，夜间寒冷刺骨，昼夜温差大，所以培育出的茶叶芳香扑鼻。此处的茶树多为中国杂交种，既有花香，味道又爽口。产品以碎叶茶为主，也有少量优品季节的整叶茶。

2015 年 巅峰品质茶 努沃勒埃利耶茶

口感清爽，有柑橘般的香甜和香料的芳香，是能够让身体备感清凉的、适合夏天享用的红茶。

[采摘时间] 冬季	[茶树] 中国杂交种
[品级] OP1	[价格] 详见网站主页
[色] 橘黄色	[香] 柑橘香
[味] 清爽	

☕ 随泡随饮，制作冰红茶

🍵 140 毫升　🍃 3 克　🕐 5~8 分钟

创立于：1885 年 / 海拔：1910 米 / 茶园占地面积：6.68 平方千米
地区：乌达普沙拉瓦路，努沃勒埃利耶
DATA 详询：Aoyama Tea Factory 锡兰红茶专卖店 http://a-teafactory.com

得天独厚的气候、高超的制茶技艺及洁净的设备
三者合力而成的整叶白毫

寇特罗奇茶园
COURT LODGE TEA ESTATE

斯里兰卡，努沃勒埃利耶 ＊ SRI LANKA, NUWARA ELIYA

四季如春的努沃勒埃利耶是斯里兰卡海拔最高的红茶产地。此地既有南国的
湿热气候，又有高原地带的凉风。寇特罗奇茶园风光明媚，盛产高地茶。由
于此地昼夜温差大，容易起雾，因此培育出的茶叶品质上乘。相较大吉岭的
春摘茶，努沃勒埃利耶的茶香气更清冽。茶园采用精湛的萎凋技术进行茶叶
的发酵，使茶叶兼备甜美的柑橘系香味、醇厚的口味同时又不失甘美。斯里
兰卡出产的红茶以碎叶茶居多，而这里则主要出产整叶茶。

寇特罗奇努沃勒埃利耶茶

[采摘时间] 全年	[茶树] 阿萨姆杂交种
[品级] Pekoe 1	[价格] 1100 日元 /70 克
[色] 淡橘黄色	[香] 柑橘系
[味] 甜味和轻微涩味	

☕ 随泡随饮，制作奶茶、冰红茶

🫖 350 毫升　🍃 5 克　⏱ 5 分钟

茶汤为淡橘黄色。散发着迷人的柑橘系的清香。茶味清冽，回味无穷，细品之下甜味绵密。这款茶涩味浅淡，从茶渣中可以闻到若有若无的樱饼似的香味，被认为是如香槟般的红茶。

创立于：1930 年 / 海拔：1890 米 / 茶园占地面积：3.1 平方千米
地区：努沃勒埃利耶
DATA 详询：MitsuTea 红茶专卖店 http://www.rakuten.ne.jp/gold/mitsutea

【采摘】即采茶叶。世界上大多数红茶为手工采摘。若是手法粗暴，会影响下批新芽生长，是需要精密作业的工作。

红茶巡游之旅

百闻不如一见的红茶巡游之旅

大吉岭、阿萨姆、努沃勒埃利耶、祁门……爱上红茶之后，我不禁对喜马拉雅山脉、干城章嘉峰、印度河流域的平原地带和斯里兰卡的圣山、高原避暑胜地等红茶的制作场所产生了浓厚的兴趣。

实际上，去当地茶园参观、去工厂学习都是有趣又愉快的体验。俗话说"百闻不如一见"，通过参观学习，我们能够更好地探寻红茶世界的奥妙。

但是，去茶园参观学习需要办理手续；为探访被山峰阻隔的不同茶园，需要在狭窄山路上长时间驾车……这些对自由行的人来说，难度未免有些大。

于是，Mitsu Tea 锡兰红茶专卖店的店长介绍给我们一家叫萨拉伊的旅游公司。他们家的招牌旅游路线是一般旅游公司不提供的——茶叶生产地巡游和茶叶工厂参观学习。旅程以"和Mitsu 店长同行的斯里兰卡红茶之旅"为主题，旅行路线包括去工厂的参观学习活动等，还可以根据个人需求调整旅行路线。通过参加茶园的实地考察活动，可以近距离观察茶树苗、参观制茶过程、品饮当地的奶茶。这些都是只有在茶叶生产地才能收获的独特体验。

1 努沃勒埃利耶的茶田 /2 乌沃地区 9 月的苗场 /3 卢哈纳蓝毗尼茶园萎凋室 /4 努沃勒埃利耶采茶妇女 /5、6 乌沃地区苗场 /7 康提鲁勒勘德拉（Loole Condera）茶园　詹姆斯泰勒平房（James Taylor Bungalow）遗址 /8 加姆波勒（gampola）的奇里帖店老板 /9 乌沃高地品茶室 /10 康提鲁勒勘德拉（Loole Condera）茶园

🧳 萨拉伊旅行社的红茶之旅参考路线

● 大吉岭

红茶工厂、干城章嘉山虎峰（Tiger Hill）、世界遗产"玩具火车"（Toy Train，即大吉岭喜马拉雅铁道）、加尔各答茶叶拍卖会场。品尝酒店下午茶及当地的印度拉茶。

● 斯里兰卡

红茶工厂、红茶博物馆、科伦坡茶叶拍卖会场、殖民时期遗留的古典风格酒店。一边欣赏海景，一边享用下午茶及当地的奇里帖奶茶。

详询：萨拉伊旅行股份有限公司
http://saray.co.jp/tea-tour
电话：03-5777-6326

照片来自：萨拉伊旅行社

带有烘烤后的坚果香，回味无穷，
口味醇厚，适合用来制作奶茶

塞西利恩茶园
CECILIYAN TEA ESTATE

斯里兰卡，卢哈纳 ＊ SRI LANKA, RUHUNA

位于斯里兰卡南部辛哈拉加（Sinharaja）森林保护区附近的塞西利恩茶园，即将迎来它成立100周年的庆典。这个受到精心维护的近代工厂出产各式各样的红茶。塞西利恩茶作为海拔600米以下的低地茶，在斯里兰卡国内斩获过许多奖项。不论是品质还是价格，塞西利恩茶都在斯里兰卡红茶业内首屈一指。但它其实不属于任何一家大企业，只有一座私人茶园，雇用了大约200户家庭。茶园内部举行的板球大战，总是工人与管理层的"激战"。

塞西利恩卢哈纳茶

[采摘时间] 全年	[茶树] 阿萨姆杂交种
[品级] CTC-BP1	[价格] 1100 日元 /100 克
[色] 红褐色	[香] 草木鲜香
[味] 烤坚果香	

☕ 随泡随饮，制作印度拉茶

🫖 350 毫升　🍃 6 克　🕐 4 分钟

茶汤呈红褐色，散发着草木鲜香。带着烘焙后的坚果般的醇厚回味，后味稍苦。茶叶紧实，与牛奶是天作之合，泡出的奶茶口感浓郁，喝起来十分过瘾。

创立于：1920 年 / 海拔：600 米 / 茶园占地面积：未知
地区：卡拉瓦拉
DATA　详询：MitsuTea 锡兰红茶专卖店 http://www.rakuten.ne.jp/gold/mitsutea

以迅雷不及掩耳之势迈入一流行列,
斯里兰卡红茶界的新星

西塔卡茶园
SITHAKA TEA ESTATE

斯里兰卡, 卢哈纳 ＊ SRI LANKA, RUHUNA

西塔卡茶园于1991年成立,虽说资历尚浅,却在成立之后不久的一次茶叶拍卖会上以第一名的傲人成绩跻身名门,一炮走红。茶园位于斯里兰卡南部的拉特纳普勒(Ratnapura)地区。此地气候最适宜栽培茶树。充足的日照、终年的高温和肥沃的土壤培育出的是风味强劲的红茶。此茶园红茶以浓厚的口感、微微的焦香而闻名。自茶园在1996年更新设备之后,该地的茶叶不仅在斯里兰卡国内,在美国、日本也获得了不少奖项。焦香带微苦的口味使它在爱好咖啡的人群中大获好评。

西塔卡卢哈纳茶

茶叶带有蜂蜜的香甜。茶汤呈暗红褐色。茶叶本身风味强劲,香气馥郁,香味和味道都醇厚浓烈。些许的苦涩是点睛之笔与特色所在,恰到好处地收住了茶汤的味道。

[采摘时间] 全年	[茶树] 阿萨姆杂交种	
[品级] FBOP	[价格] 1100 日元 /70 克	
[色] 暗红褐色	[香] 焦香	
[味] 甘甜带微苦		

☕ 随泡随饮,制作奶茶、冰红茶

🫖 350 毫升　🍃 5 克　🕐 4 分钟

DATA 创立于:1991 年 / 海拔:600 米 / 茶园占地面积:未知
地区:拉特纳普勒区,斯里兰卡
详询:Mitsu Tea 锡兰红茶专卖店 http://www.rakuten.ne.jp/gold/mitsutea

以清爽的薄荷风味闻名的
高地茶

萨尼亚茶园
SARNIA TEA ESTATE

斯里兰卡，乌沃 ＊ SRI LANKA, UVA

萨尼亚茶园坐落于乌沃北部的哈利艾莱（Hali Ela）。7～9月，此地处于旱季，蔚蓝的天空一览无余，还有来自东南的强风，雨季降水丰沛，因此成了著名的优质红茶产地。乌沃茶在斯里兰卡被称为高地茶，即在高海拔地区出产的红茶。该茶园分布在海拔1000～1700米的山间，出产的是采用传统制茶法制作的整叶茶。茶叶带有被称为乌沃风味的草药清香和爽神涩味，人们对其的评价颇高。据说乌沃是得名于这里山风发出的"乌沃–乌沃"的声音。

萨尼亚高品质乌沃茶

[采摘时间] 全年	[茶树] 中国杂交种
[品级] BOP	[价格] 1100 日元 /70 克
[色] 橘色	[香] 薄荷香
[味] 层次丰富的甜味	

☕ 随泡随饮，制作冰红茶

🫖 350 毫升　🍃 3.5 克　🕐 3 分 30 秒

从茶渣中散发出阵阵温和的薄荷清香，仿佛混入了薄荷，又带有少许花香。后味是层次丰富、绵密悠长的甘甜余韵。

创立于：1865 年 / 海拔：1000~1700 米 / 茶园占地面积：5.11 平方千米
地区：哈利艾莱，乌沃
DATA　详询：Mitsu Tea 锡兰红茶专卖店 http://www.rakuten.ne.jp/gold/mitsutea

非洲的红茶产地

据2013年的调查数据显示，全非洲的红茶产量为64.4万吨，占世界总产量的13.1%，其中肯尼亚占43.2万吨，堪称非洲的第一大红茶产地。肯尼亚在世界红茶生产国中次于印度与斯里兰卡，排名第三，出口量则超越斯里兰卡，位居世界第一。非洲茶叶栽培历史不算悠久，110年前才开始，但值得一提的是，基本都采用无农药的有机栽培法。之所以采取这种栽培方法，一方面是因为非洲被印度洋隔离，亚洲大陆猖獗的农害虫无法传入；另一方面也是因为高地种植，农害虫本来也不多。另外，在7~14日的短周期内即可采摘茶叶，并可实现全年生产。非洲种植的主要是与阿萨姆、中国种杂交而成的茶树种。制茶以CTC制茶法为主，也有一部分使用传统制茶法。手工采摘的一芽二叶，全年都能够保证较高的品质。世界级大型生产商的拼配茶中，也常含有非洲出产的红茶。

在赤道正下方的茶田，
茶农每 1~2 周就要进行一次手工采摘

坎盖塔制茶工坊
KANGAIIA TEA FACTORY COMPANY LIMITED

非洲，肯尼亚 ＊ AFRICA, KENYA

在几乎被CTC制茶法占据的肯尼亚，坎盖塔制茶工坊却坚持用传统制茶法生产红茶。当地的农民在非洲第二高峰肯尼亚山的山麓，1800-2500米的高地上小规模地种植着茶叶，质量、加工技术都处于肯尼亚的顶尖水平，茶田所处的海拔高度也是肯尼亚的高地。产出的茶味道清新，香气醇厚，茶汤鲜明橙红。

◌ 坎盖塔橙白毫

[采摘时间] 全年	[茶树] 阿萨姆杂交种
[品级] OP	[价格] 380 日元 /50 克
[色] 深橙色	[香] 麝香葡萄的香味
[味] 醇厚	

☕ 随泡随饮，制作奶茶、冰红茶

🫖 350 毫升　🍃 5 克　⏱ 4 分钟

由于茶树树龄较小，茶叶中儿茶素含量较高，故而能在茶水中品出青涩感。因产自高地，这种茶的茶汤颜色鲜亮，并呈现出有完美通透感的深橙色。品饮此茶，可以享受到清爽的茶香、香醇的口感与微微的涩味。

创立于：1965 年 / 海拔：1800~2500 米 / 茶园占地面积：9.66 平方千米
地区：肯尼亚山区，中央省
DATA　详询：Selectea 红茶专卖店 http://selectea.co.jp

（上接 p.103）【姜凋】通过调节姜凋工序中的水分，能够控制茶叶发酵的程度与速度。这道工序虽然看上去平凡无奇，实则是红茶制作中必不可缺的重要步骤。

 **中国茶的发祥地**

自日本实施"肯定列表制度"[1]（Positive List System）以来，中国茶的农药残留问题屡见不鲜。由于中国茶有超过200项的检查项目需要严格审查，并且检查费用需由进口商户承担，故而很多小批量进口的商户都放弃中国茶的交易。如果想要品尝高技术制法生产出的中国茶，最好在值得信任的门店购买。

❶ 黄山、太湖地区

黄山周边地区是中国绿茶与红茶的生产地，其中历史最悠久且享有盛誉的是祁门红茶的产地——安徽省祁门县。此外，浙江省的龙井、九曲红梅等名茶也受到人们的追捧和喜爱。

❷ 福建地区

福建省茶的主要生产地位于福建西部的武夷山与中部的安溪山，有正山小种等世界闻名的品种。值得一提的是，武夷山是世界上最早制作红茶的地方，这里产出的正山小种颇负盛名。

❸ 贵州、四川地区

这里属于亚热带气候区，气温高、湿度也高，且冷暖温差大，主要出产绿茶、黄茶。其中，产自三大灵山之一四川峨眉山的竹叶青，是拥有如竹叶般尖尖叶片的茶叶。

❹ 云南、广西地区

普洱茶的产地。云南省也是茶树的原产地，在这曾发现过被称为"茶王"的有1700年树龄的茶树。

❹ 广东地区

位于广东省东部的凤凰山，其周边地区是青茶（乌龙茶）的产地。此处出产的、来自300年以上树龄茶树的茶叶制成的凤凰单枞乌龙，乃青茶之最。

---

　　1 准许自由进口物品名单，主要对食品中残留的农药进行检查。——译者注

调味茶

用松针烟熏制成的、独具风情的果香中国茶

正山小种

正山小种是产自福建省武夷山周边的老字号中国红茶，是用松针烟熏而成的调味茶。在英国等欧美国家，有许多人对它十分痴迷。这款带有独特熏香的茶，既适合随泡随饮，也适合混入牛奶饮用。800日元/50克。

中国特级红茶

英国女王的庆生茶，与大吉岭茶、乌沃茶齐名的世界名茶

祁门红茶

属于世界三大名茶之一的祁门红茶产自中国安徽省祁门县。祁门县在中国也是广为人知、历史悠久的著名红茶产地。该茶没有什么苦味涩味，口感温和。有微微的焦香与香醇的口味，在英国也很受欢迎，因为被用作英国女王的庆生宴饮而广为人知。既适合随泡随饮，也适合冲泡后混牛奶饮用。1300日元/50克。

工艺茶

在热水中开放，闲趣可爱的水中花

万紫千红工艺茶

茶叶在水中逐渐舒展、一大朵花也随之盛放——这正是红茶的秀场。这是一种用茉莉花茶的茶叶把康乃馨扎成束的花茶。往花苞形状的茶里注入热水，随后花茶就会缓慢地舒展开来，进而绽出花朵。从饱含芽尖的茶叶里融化出来的甘甜，与花香交织在一起，口感堪称完美。这是一款能欣赏茶叶盛放的茶。400日元/个。

明治时代初期，日本被迫放弃"锁国政策"。此时日本主要的外销品是生丝和绿茶。就在这个时候，当时担任日本内务大臣的大久保利通在欧美进行访问时，发现喜欢红茶的人比喜欢绿茶的还多。

以此为契机，明治七年（1874年），日本政府在内务省劝农局农务科开设了专门的制茶部门，并奉内务大臣大久保的命令编写了《红茶制法公告及制茶法》，随后分发到各个府县，从此日本走上了开发生产红茶的道路。

虽然从中国聘请了茶业技师，并且开展了制茶研讨学习会，但日本的红茶质量并没有得到显著提高。此时，敢于挑战红茶制作的是旧德川幕府的家臣多田元吉。

在日本实行废藩置县[1]的政策后，多田元吉返回故乡静冈市丸子町，在此着手开垦茶园，并于明治九年（1876年）受政府委派，前往印度，学习茶业技术。

多田元吉在印度深山地区花了半年时间学习制茶需要用的机械以及各种设备等。他回国后，虽然向各地传授了制茶技术，但是由于日本仍然只有原来的绿茶品种，所以茶的品质还是没有得到显著提高。另一方面，由于中国种茶树，茶叶里含酶少，所以茶气不香，茶汤也多浑浊。

与此相对，阿萨姆种因为本身含酶多，而且低温就能发酵，所以无论是从香气还是色泽来看，都比中国种茶树更优质。自此，日本政府开始着手于品种开发——从多田元吉在印度带回国的茶树种子中，挑选出了具有耐寒性的多田系印度杂交种进行繁殖和培育，最后开发出了日本第一代红茶品种"红誉"。

第二次世界大战结束后，世界上出现了中国种和阿萨姆种的杂交茶树。在此背景下，日本也相应培育出了一些茶树的新品种。自昭和二十八年（1953年）日本开始实施品种登记制度以来，继"红誉"之后，相继出现了"印度""初红叶""红立早生"等品种，这些品种均被纳入了品种登记范围进行管理。后来，日本又不断创新，培育出了"红光"和"红富贵"等新品种。

在第二次世界大战中，亚洲大陆成了主战场之一，这直接导致全球茶叶市场茶叶供应不足。非主战场的日本群岛以此为契机，不断提高茶叶生产量，光是昭和二十九年（1954年）的茶叶生产量就高达7210吨。

---

1 指日本明治政府在1871年7月废除各藩，统一为府县的政策。——译者注

但是，第二次世界大战过后，由于亚洲大陆各地慢慢恢复了茶叶生产，品质低、价格高的日本红茶也就渐渐失去了自己的市场。昭和四十六年（1971年），日本开始实施红茶市场进口自由化政策，直接导致日本国内茶叶生产的全面衰退。到昭和四十年代中期，茶园里的红茶渐渐被绿茶所代替，日本大规模生产红茶的时代走向终结。

现在，日本国内仍然在培育红茶的生产者均属于生产量在10吨上下的小规模农户，其中大部分红茶都是在绿茶品种"薮北"的基础上培育出来的。

日本红茶产业尽管经历了剧烈的兴衰变化，但是这一创新让我们又看到了新的可能性。相信在今后的日子里，还会涌现出更多勇于创新的红茶生产者。

协助采访
静冈县经济产业部茶业农业课

三重县龟山市现在依然保留着日本第一代红茶品种"红誉"。在龟山市经营茶店的川户利之说，他给自家的招牌取名为"猛烈"。这是因为这种红茶不采用传统的往红茶里加牛奶的品饮方法，而是以炼乳替代牛奶，以便进一步凸显出自家栽培的"红誉"的浓香。另外，这款茶的宣传口号是"唤醒睡意"。

采用自然农法在大和高原上栽种红茶，
还生产加入了茶树花和柚子的拼配茶

健一自然农园
KENICHI SHIZEN NOUEN

日本，奈良 ＊ JAPAN, NARA

大和高原位于京都和三重县的交界处、奈良县东北部，健一自然农园就坐落在大和高原上海拔300~600米的都祁地区。这一地区是久负盛名的红茶产地，由于昼夜温差大，早上经常起雾，所以土壤具有很高的保水性。也正是这个原因，这一地区才可以培育出香味浓郁的茶叶。茶园主伊川健一，曾常年跟随自然农法的代表人物——川口由一学习自然栽培技术。园如其名，健一自然农园就是按照自然栽培的方法，在培育茶叶时不使用任何农药和化学肥料。这个茶园出产的茶叶都是日本薮北茶的新茶。

日式春摘红茶

这种茶是寒冬过后，用刚发芽的茶叶制作而成的春摘茶。制茶过程中的揉捻工序，采用的是日本茶道所独有的方法，闻起来有安定宁神的红糖糖浆的香气，入口醇和，内蕴深厚，还带了一点儿淡淡的涩味，茶汤呈深橘色。

[采摘时间] 春季		[茶树] 薮北	
[品级] —		[价格] 700 日元 /50 克	
[色] 橘色		[香] 红糖糖浆的香气	
[味] 清淡			

 创立于：2001 年 / 海拔：300~600 米 / 茶园占地面积：0.05 平方千米
地区：奈良县奈良市下深川町
DATA 详询：健一自然农园　http://kencha.jp

三年熟化的日式红茶

茶叶呈深黑褐色。用三年的时间对新茶进行发酵，推动其熟化。经过这道工序后，茶香和味道都将变得清淡。这种茶散发着淡淡的谷物香气，尝起来有独特的麦芽风味，口感十分醇正。茶汤呈深橘色。

[采摘时间]	春季	
[茶树]	薮北	[品级] 一
[价格]	需要咨询	
[色]	橘色	
[香]	谷物香	
[味]	麦芽味	

日式柚子红茶

这种茶是将春摘茶和无农药栽培的柚子搭配在一起制成的拼配茶。与柠檬和红茶十分相配一样，代表了日本柑橘类水果的柚子和日本红茶也是绝配。冲泡之后，柚子的清香渐渐散发出来，红茶香气搭配水果芬芳，令这款红茶清新爽口，十分诱人。

[采摘时间]	春季	
[茶树]	薮北	[品级] 一
[价格]	267 日元 /3 袋茶包	
[色]	白兰地酒色	
[香]	柚子香	
[味]	清爽	

茶树花红茶

虽然有的红茶自带花香，但这里所说的茶树花红茶，并非是自带花香的红茶，而是在红茶里加了茶树花后一起制作而成的、十分少见的拼配茶。茶树花和山茶花十分相似，是自带茉莉花般清香的白色小花。在日式红茶里加入茶树花后，会使红茶散发出浓烈隽永的花香，让人在不经意间享受到如花般美好的品茶时光。

[采摘时间]	春季	
[茶树]	薮北	[品级] 一
[价格]	267 日元 /3 袋茶包	
[色]	橘色	[香] 茉莉花香
[味]	温和醇厚	

113

只使用静冈县产的草莓与红茶，
没有添加任何香料和甜味剂的纯天然草莓红茶

丰好园
HOUKOUEN

日本，静冈 ＊ JAPAN，SHIZUOKA

这种红茶叫作悬莓红茶，鲜亮的茶汤中漂浮着的是真正的草莓。制作该茶的原料全部产自静冈县——红茶产自丰好园，草莓则产自海野农园。红茶产地丰好园位于两河内地区，茶园主人片平次郎亲手从日本土生土长的薮北茶树种中筛选，并培育出了茶树品种"山的气息"。草莓产地海野农园的主人海野裕文通过土耕栽培的方法，培育出了草莓品种"章姬"，味道更甜。片平次郎与海野裕文意气相投，共同合作，生产出了不添加任何香料和甜味剂的纯天然草莓红茶。尽管只使用了天然原料，但是通过将草莓风干碾碎后制成的粉末混入到红茶里的制茶工序，使得这款红茶所具有的香甜草莓味，丝毫不逊色于加了食品添加剂的红茶。加水冲泡，看着草莓果干的薄片慢慢浮至水面，真是令人赏心悦目。

摄影/片平丰。4月20日，早上5点。茶树「朝露」

丰好园所处的两河内地区，是自从在静冈茶市场进行第一笔茶叶交易后，连续35年都保持着茶叶交易市场最高成交价的实力派茶叶产地。流经两河内地区的兴津川因为早晚温差大，河面上会起雾，形成的雾气又恰到好处地遮蔽了阳光，使得该地空气湿润。得益于这里得天独厚的自然条件，人们培育出了爽口回甘的茶。丰好园山上的茶田就像滑雪场一样，坡度很大。在海拔350米的地方，可以看到富士山壮丽的景观。

创立于：1988年／海拔：100~350米／茶园占地面积：0.035平方千米
地区：静冈县静冈市清水区布泽270号
DATA 详询：丰好园 houkouen@gmail.com 054-396-3336

悬莓红茶

茶树"山的气息"是从日本土生土长的薮北茶树种中筛选出来的品种，经过相关专家在静冈县茶叶试验场的测试，特征得到确认后，才作为静冈县固定的茶树品种问世。和薮北相比，"山的气息"采摘时间更早，茶里所含的咖啡因和单宁也更少。章姬草莓作为大个草莓的特培品种，具有个头大、酸度低的特点。1992年，"章姬"被纳入品种登记范围内进行管理。此外，丰好园还销售以日本茶"香骏"做成的无添加"红茶原叶"。463日元/50克。

[采摘时间] 春	[茶树] 山的气息	[品级] —
[价格] 1112 日元（5组 =5克茶 +5片草莓果干薄片）		
[色] 深红铜色	[香] 草莓香	[味] 甜味

☕ 随泡随饮，制作奶茶　　👜 1杯　　🥄 3克　　🕐 3分钟

【发酵】指使茶叶中的化学成分发生氧化反应，让茶叶由绿变红的工序。具体地说，茶叶本身所含的多酚类物质引起氧化反应，使茶叶中的儿茶素变成红色的单宁。

115

整个地区都不使用农药，
只采摘原生种的新茶

春日花茶俱乐部
KASUGA HANACHA CLUB

日本，岐阜 ＊ JAPAN, GIFU

岐阜县的春日地区种植着有770年历史的原生种茶树。人们通过手工采摘和揉捻，将这种茶树的一芽二叶做成红茶。在春日地区，人们栽培茶树时不使用任何农药。全日本仅这里每年只采摘新茶，而且新茶里有半数以上都是原生种。原生种的茶树深深扎根于这片大地，完全依靠自然的恩惠成长，所以村民们制作出来的红茶茶味浓厚，喝起来别有一番风味。但是，由于每株茶树的生长速度不同，所以相应的采茶时间也不同，这就导致了采茶效率不高。尽管如此，茶农们仍然不辞劳苦，坚持手工采摘。在春日地区，最好的新茶被称为"花茶"。

2014年春摘茶 庵·花茶

[采摘时间] 2014年4月

[茶树] 原生种　　　　　[品级] 一

[价格] 时价　　　　　　[色] 金黄色

[香] 百合和红糖糖浆的香气

[味] 矿物感

☕ 随泡随饮

🫖 300毫升　🍃 3克　🕐 6分钟

茶叶呈深紫红色。茶汤呈明亮透明的金黄色，散发出如百合和红糖糖浆般馥郁的香气，口感柔和顺口、涩味少、纯净自然、有矿物感。这款茶充分展现出唯有日本红茶才可以让人感受到的细腻与野性兼具的口感。

创立于：—／海拔：500米／茶园占地面积：不明
地区：岐阜县揖斐郡斐川町春日六合
DATA　详询：利福乐公司 http://shop.leafull.co.jp

南方地区巨大的昼夜温差
与自然栽培方法共同培育出的口感质朴的红茶

樱野园
SAKURANOEN

日本，熊本 ＊ JAPAN, KUMAMOTO

水俣市薄原村位于熊本县的最南端。人们对水俣市的印象往往以海滨城市居多，实际上，水俣市的山地上也种植茶叶。成片的茶田分布在暖和且冷热交替明显的斜坡之上。昭和时代初期，人们在水俣市和鹿儿岛的交界处附近海拔300米的山上开垦出了第一片茶田。流经水俣市的水俣川支流——久木野川河面上的雾气，增添了茶叶的甜味；充足的阳光，又使得茶叶中富含儿茶素。可以说，这里就是天然适于栽种茶树的地区。出生于水俣市的评论家——德富苏峰将茶园命名为"樱野园"。自1990年起，樱野园开始采用无农药、无化学肥料的栽培方式。

日本产红茶

[采摘时间]夏	[茶树]薮北、原生种
[品级]—	[价格]600 日元 /40 克
[色]橘色	[香]青草香
[味]爽口回甘	

☕ 随泡随饮，制作冰红茶

🫖 350 毫升　🍃 3.5 克　⏱ 3 分 30 秒

茶香散发出如青草般柔和的气息，品尝起来涩味少，口感清爽，回味质朴甘甜。这种茶在培育过程中不使用任何农药和化学肥料，只将熊本县当地生产的油菜籽榨出来的油渣作为肥料。人们通过完全发酵，将这种茶的夏摘茶做成了红茶。

🏠 创立于 : 1928 年／海拔 : 100~600 米／茶园占地面积 : 0.033 平方千米
地区 : 熊本县水俣市薄原村
DATA 详询 : MitsuTea 红茶专卖店 http://www.rakuten.ne.jp/gold/mitsutea

【干燥】指对发酵中的茶叶进行高温烘焙后，终止其发酵进程的工序。通过干燥可以蒸发掉茶叶中的水分，使其便于保存。不过如果发酵过度，茶叶的颜色会发黑，味道也会变差，所以把握好干燥的时间特别重要。

从原生种到"红富贵",
丰后大野市优越自然条件孕育出来的日式红茶

山片茶园
YAMAGATA TEA ESTATE

日本,大分 ＊ JAPAN, OITA

山片茶园位于大分县西南部坡度和缓的丘陵地区。这里的茶树得益于丰后大野市优越的自然条件,所孕育出来的茶叶带有稳重清爽、柔和甘甜的口感。人们在栽培茶树时不使用任何农药和化学肥料。山片茶园的红茶原料中既有红茶原生种及"红富贵",又有一般用于制作绿茶的"奥武藏""金谷绿""奥绿"等品种。和大吉岭茶有优品季节一样,这里的茶叶也分春摘茶、夏摘茶和秋摘茶。山片茶园的主人从大吉岭优秀的茶园技师那里获得过数次指导,灵活运用所学技巧来培育红茶,使山片茶园红茶原有的细腻花草香与醇和口感更上一层楼。

2015 年春摘茶 本地山形茶

[采摘时间]2015 年春季　[茶树]原生种
[品级]—　[价格]1389 日元 / 50 克
[色]橘色　[香]自然茶香
[味]清爽温和

☕ 随泡随饮

🫖 300 毫升　🍃 3 克　🕐 5 分钟

这款茶茶如其名,在栽培过程中,任茶树在丰后大野市的土地上自然生长。这样培育出来的红茶涩味淡,茶香浓厚。浅酌一口,可以让人感受到原生种红茶自身所具备的天然口感与浓醇柔和的滋味,口感温和,令人着恋。

创立于：1955 年 / 海拔：约 200 米 / 茶园占地面积：0.038 平方千米
地区：大分县丰后大野市大野町
DATA 详询：利福乐公司 http://shop.leafull.co.jp

年轻的夫妇二人，
纯手工制作的"红富贵"红茶

根占茶寮
NEJIME SARYO

日本，鹿儿岛 ＊ JAPAN, KAGOSHIMA

根占茶寮是平成十七年（2005年）才开业的新茶园，位于九州最南端，海拔200米的高地之上，从这里可以眺望到南方的大隅半岛、北方的樱岛，以及西方的开闻岳（即萨摩富士）。茶园所在地阳光强烈，夏季高温湿润，冬季天气暖和。在这里，夫妇俩培育出唯独日本才有的红茶专用品种——"红富贵"和"红光"。他们在栽培茶树时不使用任何农药和化学肥料，通过手工采摘和手工揉捻茶叶的工序制作出了颇具特色的红茶。从管理茶园到制作红茶，几乎所有的工作都是由夫妇二人共同完成的。

和华

[茶树] 红富贵

[品级] 一　　　　　　　[价格] 时价

[色] 深橘色　　　　　　[香] 木香

[味] 醇正厚实，略有涩味

☕ 随泡随饮

🫖 300毫升　🍃 3克　🕐 5~6分钟

夫妇俩在刚创办茶园时栽下的"红富贵"，到现在已有9年树龄。制作特色手工茶的茶叶就来自于这些茶树，并且需要经过手工采茶、手工揉捻的工序。这种特色手工茶的茶叶呈深红褐色，外形细长，加水冲泡后，缠在一起的茶叶会缓缓舒展开来，展现出茶叶本身一心一叶的形态。茶汤呈美丽的深橘色。

创立于：2005年／海拔：约200米／茶园占地面积：不明
地区：鹿儿岛县肝属郡南大隅町根占山本
DATA 详询：利福乐公司 http://shop.leafull.co.jp

日本的生姜红茶

宫崎茶房无农药栽培的生姜

医学博士石原结实先生鼓励人们饮用具有暖身功效的生姜红茶，此倡议一经提出，便在日本引起了巨大反响。现在，生姜红茶已经成为红茶饮用方法的标配。只要在一杯温热的红茶里放入拇指般大小的生姜末（10克）以及适量的红糖即可。早餐时饮用生姜红茶，并且一天喝3杯的话，不仅可以暖身，而且能增强身体新陈代谢的机能，除此之外，还有减肥和治疗便秘等作用。实际上，大约有70％的中药里面都能看到生姜的身影，由此可知人们在过去就已经发现了生姜所具有的功效。另一方面，有其他证据表明，红茶本身具有暖身效果，其中含有的多酚类物质——茶黄素还可以降低感染流感病毒的概率。生姜红茶是叠加了红茶与具有抗菌作用的生姜的双重功效的饮品，因此深受人们的喜爱和信赖。最好的生姜红茶里，混合的是更干、作用更好的生姜，若红茶和生姜均为自然栽培而成的就更好了。下文将介绍两座既种植生姜又生产红茶的茶园。

日本 宫崎县

宫崎茶房
采用釜炒茶技术制作出来的有机红茶与生姜混合
"大泽生姜红茶"

在神话的故乡——高千穗附近海拔超过1000米的山上，有一个名叫五之濑的小镇，宫崎茶房的主人宫崎亮就在这里培育红茶。他栽培的红茶品种是原生种和"山波"，通过灵活运用制作绿茶时练就的釜炒茶技术，他制作出了口味甜爽的红茶。宫崎茶房不仅栽培茶树，也种植生姜，且在种植过程中不使用任何农药。另外值得一提的是，生姜无法在同一块田地上连年种植，故而需要每年都变换重种生姜的土地。宫崎的家人们共同承担了制作生姜片的道道工序，如此生产出来的生姜红茶尝起来情意十足，可以让人感受到宫崎一家人的真诚。665日元/50克

详询：大泽日本公司
http://www.ohsawa-japan.co.jp

日本
奈良县

健一自然农园
采自自然栽培的薮北种红茶
"生姜日式红茶"

健一自然农园的主人伊川健一制作的生姜红茶,力求达到口味上的和谐。其中,红茶是薮北种,生姜则产自高知县。无论是红茶还是生姜,在栽培过程中都没有使用任何农药和化学肥料。生姜和红茶混合在一起,成功打造出了和谐的口感,喝起来刺激性不强,非常柔和,还能让身体变得十分温暖,就好像沐浴在阳光下一样。

参照p.112,267日元/包(含3袋茶包)

详询:健一自然农园 http://www.kencha.jp

健一自然农园位于奈良县东北部海拔400~600米的大和高原,从奈良公园驱车往东行驶30分钟,进山后即可到达。茶园主人通过自然栽培的方法培育出了制作绿茶的茶树品种"薮北",之后将其做成红茶。健一自然农园的红茶涩味少,口感甘甜。这个茶园的员工平均年龄只有33岁,在农业生产者中是超乎想象地年轻。

健一自然农园自昭和五十八年(1983年)起,开始采用无农药、无化学肥料的栽培方式,并于平成十三年(2001年)首次取得了日本JAS认证。如今,茶园的总面积为12万平方米,其中10万平方米获得了JAS认证。茶园于平成十四年(2002年)在"天皇杯"品评会中获赏,平成十五年(2003年)又在全国茶品评会的釜炒茶类别中获得了农林水产大臣奖。

令人艳羡的
日本品牌茶具

伊万里瓷器、有田烧等是早年间就在欧美地区广为人知的日本陶瓷器。红茶文化虽然一直以欧洲为中心发展，但是明治维新以后，日本也开始了红茶茶具的生产制造。经过一个多世纪，如今日本茶具的美感已经超越了发祥地欧洲。

则武公司的精品系列（2011 年）

引领世界的
日本制西式餐具起点
—————— 则 武 ——————

从德川幕府末期到明治维新初期，解除了闭关锁国政策之后，国门开放的日本向海外流出了大量黄金。亲眼目睹这一现象的日本近代陶瓷工业之祖——森村市左卫门认为，要想夺回财富，必须要依靠出口贸易赚取外币。在这一想法下，森村市左卫门与其弟森村丰一起开始从事出口贸易。随后，森村市左卫门在巴黎世博会上看到了欧洲生产的精妙绝伦的、带有绘画的瓷器，由此更坚定了他想在日本制作同样精美的瓷器的想法。几年以后，为了学习最新的技术，森村市左卫门派遣技术人员到欧洲学习，并于1904年创办了"日本陶器合名会社"（即则武公司的前身），从此开始了发展日本产西式餐具的挑战。

"森村组"[1]创始人
森村市左卫门

森村丰（左）、
森村市左卫门（右）

则武公司的专属彩绘工厂"锦陶组"的彩绘
场景（1909年）

则武公司创立时总公司的工厂（1904年）

则武公司首次在日本制
作完成的西式餐具套装
"Sedan"（1914年）

1904年，则武公司在现今的名古屋市西区则武新町建造了拥有现代化设备的大型工厂，并投入生产。但是，要想使工厂步入正轨，还需要不断地摸索。10年后，也就是1914年，则武公司终于生产出日本第一套西式餐具，并取名为"Sedan"。这种日本制造的西式餐具，出口到美国后大受欢迎。不久以后，则武公司就发展成为了以"则武瓷器"闻名的世界级公司。从创立之初就秉承传统风格的则武瓷器，与催生了下午茶文化的19世纪欧洲文化全盛时期的西式餐具相似，是当今世界上能够展现出红茶魅力的舞台之一。

---

1 日本森村集团的前身。

在各种场合中尽享
则武的红茶时光

花更纱
超越时代的人气商品

柔美的款式、赏心悦目的波斯风格花卉图案，使得花更纱系列在上市后的25年里一如既往地享有人气，是长销不衰的市场宠儿。

金丝梧桐（Lacewood Gold）
成婚贺礼的宠儿

恰到好处的设计象征着幸福与新生活开始的淡蓝色，使得金丝梧桐系列作为新婚贺礼深受大众喜爱。

盛放花园（Jardin Fleuri）
备受青睐的骨瓷系列

18世纪，英国首先发明了骨瓷的制作方法。昭和七年（1932年），则武公司首次在日本完成了骨瓷原材料的生产制作。骨瓷表面透明且有光泽，再加上百花齐放般的彩绘，盛放花园系列成为了则武优美瓷器系列的代表作之一。

吉野（Yoshino）
传世名作的继承人

吉野是从1931年发售的"CYRIL"开始、
历经五代改造而成的作品。它既继承了传统的
思想，又融入了历代设计者的理念，是则武传
世名作系列的代表作之一。

无价之白
各种饮茶时段皆可使用的百搭套装

无价之白融合了则武的传统与技术，使得瓷器在保
证强度的同时，又薄又轻，极具实用性。再加上动
人的纯白浮雕，与任何品茶时光都极为协调，成为
最适合日常使用的瓷器系列。

花银彩百合　则武美感与技术的完美交汇

花银彩百合是现代复兴新艺术主义（Art Nouveau）的杰作。为了
使银色显得更加赏心悦目，需要以均等的厚度手绘出大朵百合，对
技术有极高的要求。花银彩百合系列使人们可以尽情享受惬意的下
午茶时光。

款待世界来宾的
日本珍宝
—— 大仓陶园 ——

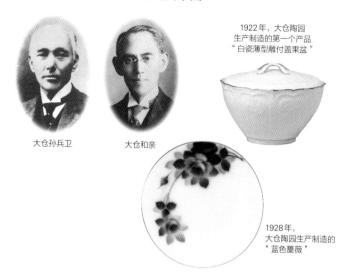

1922年，大仓陶园
生产制造的第一个产品
"白瓷薄型雕付盖果盆"

大仓孙兵卫

大仓和亲

1928年，
大仓陶园生产制造的
"蓝色蔷薇"

明净通透的素坯上绘制着的蓝色蔷薇纹样以及富有品味的金丝边，使人们在将瓷器拿到手中的瞬间，就可以感觉出在名门代代传承的瓷器——大仓陶园茶具所拥有的强大的存在感。日本近代陶瓷工业之祖大仓孙兵卫、大仓和亲父子怀着要在日本生产出不亚于世界上任何高级西餐餐具的白色硬质瓷器的梦想，出访了欧洲各地的陶瓷制造工厂。学成回国后，父子俩于1919年，在东京蒲田地区开设了生产高级美术陶瓷器的工厂。

现在，大仓陶园的制品以"塞夫勒[1]的蓝，大仓的白"这一称号获得了全世界称赞。大仓陶园产品所采用的手绘、冈染、压花、漆蒔、金蚀等制造工艺，直到今天仍然保持着以高级定制为主流的创业之初的执着特色。

不媚流行，持以高雅格调的理念，使得大仓陶园的餐具在赤坂离宫[2]的晚餐宴席这种高端的场合中，担任着接待世界各地来宾的重要角色。

---

1 塞夫勒，法国的皇家瓷厂之一。——译者注

2 赤坂离宫，又称赤坂迎宾馆或迎宾馆，是日本最大的西洋式宫殿。建造之初宫殿为皇太子所用，如今成为国家迎宾馆，专门接待各国首脑。——译者注

传统的工艺
传承初期定制生产时代就已拥有的纯熟的妙趣

大仓白

大仓陶园从创立之初就以制造出最上乘的白瓷为理念，生产出了独树一帜的大仓白。大仓白使用最高级的原材料，采用1460℃的高温，通过全钢烧制成。

冈染（大仓蓝）

冈染先用钴颜料在烧釉而成的素坯上绘制彩画，之后再次用1460℃的高温对素坯进行全钢烧。这样可以使钴颜料的蔚蓝色和釉充分融合，形成独特的大仓蓝。

手绘

手绘采用日本画的绘制技巧，使用用油溶解过的颜料绘制出纹样。通过手绘工艺绘制出的纹样显得极为细腻，色彩也很鲜艳。手绘均由获得过国家技能检定一级证书的画家绘制，堪称艺术作品。

压花

压花是一种能够使金色花样立体化浮现出来的装饰工艺。这是一门既复杂又细腻的技术，需要极其熟练的制作手法。如今为大仓陶园独有的一项珍贵技术遗产。

漆莳

漆莳是指向漆中涂撒颜料粉末，再用绵轻轻研磨，使得粉末浸入到漆中的莳绘工艺。这种工艺不仅能够使色彩更加鲜明，还能使颜料更加均匀地涂敷到形状复杂的素坯上。

吴须

吴须是指给尚未涂敷釉子的素坯着彩的工艺。因为在涂敷釉子之前，会先使用含有钴元素的颜料给素陶着色，所以瓷器有较强的耐久性，色调也较为匀称。

琉璃

琉璃是指先为素坯不均匀地涂敷上钴颜料，再用全钢烧的方法进行烧制的工艺。通过琉璃工艺，可使钴颜料融入釉子，形成光泽明亮的深蓝色。

金蚀

金蚀需要先覆盖涂敷着釉子的素坯上的花纹，并在上面撒沙，之后再敷上金箔进行烧制。金蚀工艺会使金箔的光泽与之前有所不同，从而使花纹的图案立体化地浮现出来。

代代相传的经典设计及其魅力
人气系列深受喜爱的理由

蓝色蔷薇
深受喜爱、畅销不衰的市场宠儿

蓝色蔷薇系列于1928年制造生产。当时，人们普遍认为自然界不存在蓝色的花，大仓陶园则使"自然界中不存在的花"在陶瓷器上得以实现。从此，蓝色蔷薇系列成为了不可动摇的畅销不衰的市场宠儿。大仓陶园80余年来坚持不变的设计，使蓝色蔷薇作为传承系列餐具，深受世代喜爱。

墨彩椿
新婚贺礼的宠儿

墨彩椿系列在如水墨画般的山茶花上，大胆地加入了金彩的设计，这种将压花工艺的华美金彩与雅致的山茶花图案结合起来的做法，可谓日洋合璧。这种设计在任何场合都极为协调，因此成了大多数人在新婚等隆重的场合中的选择。另外，墨彩椿系列的茶壶只以24件套的形式售卖。

花园
最奢华的系列

色彩丰富、各式各样的花朵竞相开放——这便是花园系列。花园系列的图案需要手法熟练的画家先对花朵进行布局，然后再细致地描绘出每朵花的纹样。制作花园系列的手绘工艺复杂，且耗时长（一般需要5~6个月甚至更长），这使得它成为了名副其实的杰作。

作为赤坂离宫御用的西式餐具，款待各国来宾

迎接国宾的正式的餐桌用具

赤坂离宫最初作为大正天皇的东宫御所，于明治四十二年（1909年）仿照凡尔赛宫建成。现在的赤坂离宫是供外国元首等国宾下榻以及为其提供接待服务的迎宾设施。昭和四十九年（1974年）3月，大仓陶园受内阁总理大臣办公厅迎宾馆准备室的委托，开始向赤坂离宫提供御用西式餐具。直到现在，大仓陶园生产的餐具依然作为款待外宾的最高级的西式餐具使用，且备受赞誉。

正餐用餐具（非卖品）

正餐用餐具，是下榻于赤坂离宫的国宾在答谢宴会上使用的餐具。它采用了以巴洛克风格的金饰曲线在栗红色图案上镶边的设计，还以在餐盘上手绘的水果纹样（共包含了3种水果）象征和祈愿宾客在宴席上有丰富的收获。正餐用餐具共备有150人份，合计2340个。

欢迎会用餐具（非卖品）

欢迎会用餐具，是在自助餐式欢迎会上使用的餐具。它的设计充分发挥了白瓷的优点，并以此来表示国家之间的友谊如同餐盘上金饰的圈一样不会断裂。同时也以用橄榄叶连接的洛可可风格的带状花纹来表示永久和平。

包间用餐具（非卖品）

包间用餐具，是在迎宾馆下榻的国宾及其随行人员在早、午餐时使用的餐具。因为考虑到这是在非正式场合中使用的餐具，所以用了较柔和的浮雕款式，这是包间用餐具的设计特征之一。另外，它还采用金边装饰绘制出了日本政府的徽章——五七桐纹。

通透的茶杯，
岐阜的薄陶器

———————— 丸直制陶所 ————————

丸直制陶所位于著名的美浓烧的产地——岐阜县土岐市。土岐市从明治时代就开始生产销往欧洲的瓷器，这里出产的瓷器因拥有如蛋壳般薄而轻的质感，所以被称作"蛋壳"。这种瓷器的厚度大约只有1毫米，薄得惊人，迎光时会略微透明。

上图中所示的杯碟套装，长期以来在日本国内外都深受欢迎。这款杯碟套装用蓝色颜料给素坯着彩，并在茶杯的底部加入了带有艺伎容貌的水印，堪称达到日本工匠艺术顶点的作品。这款杯碟套装结合了类似于欧洲古董瓷器般轻薄的式样与精心绘制的古典日本画，将日本的"纯粹"完美地展现出来。除此之外，品尝红茶时从嘴唇上感受到的纤薄的质感，以及拿起茶杯时感受到的不可思议的轻盈，都使人们的品茶时光变得更加惬意。

绘有复古日本画的杯碟套装。茶杯采用了日本大正时代流传下来的水印技术，使人们能够透过杯底欣赏到水印美人。这一系列的杯碟套装共有5种设计。

将薄陶器的奢华样式与清澈明亮的条纹图案完美结合的小咖啡杯。右：灰条纹。左：蓝条纹。

绘制着可爱小花图案和装饰着古典花纹图样的迷你马克杯。这种迷你马克杯的内壁边缘也有同样的花纹。右：华龟甲纹。左：花格子。

丸直制陶所创立于1900年左右，是位于美浓烧产地——岐阜县土岐市的一家家族经营的制陶所。它拥有日本仅存的几座能够生产出被称为"蛋壳"的，如蛋壳般薄而轻的瓷器的窑厂。除此之外，丸直制陶所使用板刷将印有花纹的日本纸贴到瓷器表面，以此将花纹临摹到瓷器上的"铜版临摹"的技术，在日本国内是一流的。

精选茶叶专卖店
玛黑兄弟

进入玛黑兄弟店铺的大门，即刻映入眼帘的是摆满整整一面墙的、贴着店标的黑色茶罐，红茶专营店的权威感遂扑面而来。玛黑兄弟力图以最好的条件，为顾客提供精选自世界著名茶园的 500 余种名贵茶叶。

玛黑兄弟是亨利·玛丽阿奇和爱德华·玛丽阿奇两兄弟于1854年在巴黎创立的著名茶品牌。在十分喜爱红茶的法国国王路易十四的支持下，亨利和爱德华继承了家族的海上贸易产业，成为新一代海上贸易巨头，销售从35个不同国家的茶园采摘的优质茶叶，数量多达500余种。该品牌的目标，是把对茶叶一无所知的人领入茶叶的世界。为了能让顾客在最好的条件下享受饮茶的乐趣，他们的营业范围涉及和茶有关的方方面面，既包括茶壶、茶杯等茶具，也包括加入了茶叶的糖果、料理、鸡尾酒等食品饮料，还包括作为品茶场所的沙龙等。法式红茶艺术的世界，因为能够让人体验到精简凝练的精髓，至今仍对红茶爱好者有着巨大的吸引力。

单品茶

为追求优质的茶叶，玛黑兄弟派人走访了世界各地的茶园。旗下的单品茶根据茶园、采摘时间的不同进行了细致的分类，光是大吉岭茶就有50种以上，可见该品牌对茶叶的一丝不苟。

T129 印度大吉岭 普林斯顿 TGFOP1

用严选的大吉岭春摘茶制成的拼配茶，被称为"红茶之王"，品如其名，味道考究，同时散发着鲜花一般的华丽芳香，让人十分享受。2300日元/100克。

T157 印度阿萨姆 梅隆 FOP

产自世界上最大的红茶产地——位于印度东北的阿萨姆地区。阿萨姆茶汤色深红，香气浓郁，味道浓厚似麦芽酒。梅隆是在5月中旬~6月末采摘的夏摘茶。1900日元/100克。

T200 中国云南 帝王 TGFOP

仅选用中国云南地区的上等茶叶，以茶叶中含有大量芽尖闪烁着金黄色的"金尖"为特色，风味强劲，香味浓郁似花，是一款适合搭配早餐饮用的高级茶。2100日元/100克。

T308 斯里兰卡 拉特纳普勒 OP

产自位于斯里兰卡首都科伦坡以东90千米处的拉特纳普勒。该地属于锡兰红茶产地中海拔偏低的地区。这款茶叶片纤长，茶汤的香味令人心荡神驰，是一款温和的红茶。1400日元/100克。

T606 毛里求斯 格朗布瓦西斯

非洲的毛里求斯是世界排名第29位的茶叶生产国，出产的碎叶茶散发着浓郁的香草香，发酵后风味强劲，十分吸睛，是一款适合上午饮用的茶叶。2000日元/100克。

拼配茶

玛黑兄弟的拼配茶仅选用世界各地的上等茶叶制作。风格迥异的茶叶碰撞、混合，打造出一个充满前所未有的香气与味道的世界。

T707 婚礼

只选用斯里兰卡的上等茶叶，按完美比例混合而成，口味温和，香气四溢。味道不猛烈，不甜腻，沁人心脾，和牛奶非常相配。1600日元/100克。

T721 1854年创业纪念

这款茶是由中国和印度的高级茶叶混合而成的杰作，制作初衷是致敬品牌创立年份。茶叶中含有白芽，还加入了茉莉花，味道悠扬，适合下午饮用。2000日元/100克。

调味茶

红茶界的大师玛黑兄弟原创调味茶，在充分提炼出茶叶的芬芳的同时，巧妙地加入了果香和花香。

T918 马可波罗茶

亚洲的鲜花和水果赋予这款茶独特的芳香，是一款人气颇高的长期畅销品。你可以一边品味它独特的甘甜，一边享受它经过精心调配的香气。2300日元/100克。

T8005 格雷伯爵法蓝

这款茶的叶片如天鹅绒一般，带有佛手柑的香气，还加入了美丽的矢车菊花瓣，是一款传统的格雷伯爵红茶。2200日元/100克。

真丝棉茶包

真丝棉茶包与量产的纸茶包截然不同，是由工人一个一个亲手制作的。因为制作过程不伤及茶叶本身，所以茶包内的优质茶叶在泡水后能够充分展开，茶叶的成分也能够充分析出。可以说，这种茶包充分还原了茶叶本身最美好的味道。

丰富多彩的原创茶器

骨瓷餐具作为一种高级西洋餐具,具有很高的艺术价值。这套玛黑兄弟原创的白瓷茶器,由深受皇室青睐的世界著名高级西洋餐具生产商打造。为了能够完美展现白瓷的精美,生产商采用了最优质的高岭土(矿石)。烧制温度高达1460℃,十分罕见。

玛黑兄弟的店内紧密地摆满了自家原创的茶器,每一个都充满了个性,有陶瓷的、玻璃的、铁的,素材、颜色和形状丰富多样。迄今为止,玛黑兄弟已经出品了200多种茶器。要想冲泡一杯好的红茶,选用合适的茶器至关重要。比如锡兰红茶、阿萨姆茶等单宁含量高的红茶,适合用素材多孔洞的素陶茶器或锡制、银制茶器;半发酵茶适用用陶、瓷、搪瓷、耐热玻璃等材料制作的茶器;调味茶则推荐使用不会沾染茶汤香气的玻璃茶器。

用茶叶制作的料理

店内沙龙提供的绝大多数法国料理中都加入了茶叶。搭配使用的食材并没有掩盖茶叶的存在，反而充分烘托出作为主角的茶叶的味道。

清蒸鳕鱼加抹茶碎，配以用韭葱和番茄制作的法式泡菜

摄影：弗朗西斯·哈蒙德

用茶叶制作的甜食

1860年，玛黑兄弟开创性地在巧克力中加入了精炼茶叶粉。含一颗在嘴中，顿时茶香四溢。有"马可波罗""格雷伯爵帝王""圣诞"等品种。

巧克力系列
（加入了茶叶的巧克力）

走向世界的法式红茶艺术

用茶叶制作的甜点

玛黑兄弟在餐后或搭配下午茶品尝的甜点里也加入了茶叶。经验丰富的糕点师团队携手巴黎总店的菲利普·朗·罗（Philipe Lang Roi），制作出的糕点的味道与众不同。

加入了红波旁香草茶
的浆果篮子，1000日元/块

法式冰红茶

法式冰红茶丰富了法式红茶世界。用香气繁复的调味茶冲泡而成的冰红茶，适合一年四季随时享用。不如举办一个法式夏日茶茶会，一起来享受法式冰红茶吧。

丰富多样的法式冰红茶

摄影：弗朗西斯·哈蒙德

能够体验法式红茶艺术的商店和沙龙

玛黑兄弟银座总店是一座时髦的、充满高级感的店铺。推开厚重的大门进入店内，便能看见摆满墙面的五彩缤纷的茶器。柜台内设有称量售卖处，玛黑兄弟的店员都精通茶叶之道，顾客可以请他们帮忙挑出符合自己口味的茶。玛黑兄弟银座店是日本首家在销售时向顾客展示茶叶香气和叶片状态的红茶专卖店。在玛黑兄弟，顾客能买到比别的任何茶店品种都要丰富的、来自35个国家的顶级茶园的500余种茶叶。

总店设有能体验法式红茶艺术世界的沙龙区。二楼的装潢采用了殖民地风格[1]，三楼则是艺术装饰风格[2]，内部空间优雅精致，完美再现了巴黎总店的氛围。在这里，顾客可以点一楼茶叶专卖店的茶当堂享用（部分茶叶不提供此项服务）。当顾客由于茶叶品种过多而感到迷茫时，他们可以告诉店员自己偏爱的味道、香型以及自己的心情，请店员为自己挑选合适的红茶。

---

1 殖民地风格：17世纪，新英格兰建筑风格被殖民者带到了美洲，逐渐演变为殖民地风格。特点是质朴和实用。——译者注
2 艺术装饰风格：演变自19世纪末的新艺术运动，特点是自然优美的线条。——译者注

店铺信息
玛黑兄弟银座总店
东京都中央区银座 5-6-6
电话：03-3572-1854
营业时间：全年营业
茶叶精品店、茶叶博物馆
11:00—20:00
沙龙区
11:30—20:00
http://www.mariagefreres.com

精选茶叶专卖店

利福乐大吉岭茶屋银座店

"我想告诉大家在不同季节采摘的大吉岭茶的魅力和不同茶园的丰富个性。"利福乐法人代表山田荣说。统一的深绿色装潢的店铺内,包装颜色相同的商品整齐地排列在一起。

该店销售的茶叶以印度大吉岭茶为主,此外还有阿萨姆茶、海连奇茶(highrange)、尼尔吉里茶、锡金茶(sikkim)等印度红茶,以及斯里兰卡的锡兰红茶、中国红茶和珍贵的尼泊尔红茶等约70个品种的茶叶。利福乐的红茶品质之高,甚至得到了高级餐厅和高档宾馆的红酒侍酒师的信赖。

利福乐创立于1988年。在那之后的20年时间里,作为利福乐法人代表的山田不断加深与产地的联系,每年她都会在春、夏、秋三次优品季节访问茶园,和茶园的管理者、生产员工交流栽培、制造技术,一遍又一遍地品尝,以确认茶叶的味道,深思熟虑之后再确定订单。所以,店内的每一款红茶都非常珍贵,美味且回味无穷。此外,店内还有种类丰富的原创拼配茶、50种以上的草本茶、商品茶、礼品套装等,种类丰富。部分商品还提供试饮服务。店员热情好客,如果顾客想找他们商谈如何挑选礼品,他们会爽快地答应。该店还经常开办红茶教室。

店内最出彩的,就是陈列在店内玻璃柜上的精品茶叶样本,每一份都经过精挑细选。该店特别关注的茶叶产区大吉岭,位于印度喜马拉雅山脉的山麓地区。由于位于高海拔地区,昼夜温差大,大吉岭即使在白天也会被浓雾包围,景致独特。那里培育出的茶叶形状精致、香味芳醇。山田会在每个优品季节初访问茶园,品尝后把精心挑选的茶叶直接空运至店铺,以便尽早将当季的红茶陈列在店内。

2015ファーストフラッシュ

タルボ農園
DJ-1
等級：FTGFOP1　摘み取り：2015年3月
30g¥2,268 50g¥3,780 50g缶¥4,104 100g缶¥7,992

↑ 如果想让泡出的冷萃茶有迷人的香气和绝赞的味道，让人大吃一惊，那就要选择最合适的茶叶泡制。不妨试试2015年的春摘茶——瑟波茶园DJ-1，品级FTGFOP1HS。

← 这款冷萃茶就像红酒一样，能够边用餐边品尝。此瓶瓶口装有滤茶器。2000日元/750毫升。

虽然利福乐的著名商品是从单一茶园采摘的优品季节的茶叶，但是其原创拼配茶品质也颇高，拥有大批粉丝。

特级
拼配茶

大吉岭
拼配茶

经典格雷
伯爵茶

印度拉茶

利福乐店内的地图上标注的是大吉岭春摘茶的进货信息。图上密密地排列着瑟波、玛格丽特的希望、吉达帕赫、里斯希赫特、普塔邦（PUTTABONG）等著名茶园。

暗夜
银座店拼配茶

银座店的原创拼配茶。可可的轻微苦涩和白兰地的芳醇香气完美融合，是一款充满成人感的香茶。该茶以混有"金尖"的阿萨姆全叶茶为基底，味道浑厚，适合制作奶茶。铝袋包装。1200日元/50克。

装饰在店内的货箱。不同箱子的设计和标注都各有千秋。右边这个尤为气派的木箱来自和山田有多年深厚友谊的大吉岭桑格玛茶园。茶园里有以山田之名命名的茶田"山田·巴里"。

店内仿佛茶具精品店一般，摆放着深川制瓷出品的深蓝色茶具套装、白瓷茶壶、玻璃茶壶、冷萃茶专用茶壶等。

店铺信息
利福乐大吉岭茶屋银座店
东京都中央区银座 5-9-17
Azuma 大厦 1F
电话、传真：03-6423-1851
营业时间：
11:00—20:00 全年无休
http://www.leafull.co.jp

TEAPOND红茶专卖店

在去东京清澄白河的深川资料馆的路上，有一个小小的红茶专卖店——TEAPOND。店主三田佑也自大学毕业以来就一直醉心于红茶，曾在法国以及日本的红茶公司任职。拥有了充足经验的他，最终开设了这样一家红茶专卖店。一走进店门，映入眼帘的是一面整整齐齐地陈列了各种红茶名牌的墙壁，以及包装精美的茶叶等商品。而在下一秒，你就会被茶叶、香草和浓浓的果香所包围，美好的香气让人一瞬间就达到了幸福的顶峰。在店内，随处可见画着店标猫头鹰的罐子和袋子、与茶叶有关的装饰品，以及可供顾客品鉴香气的样品瓶，让人目不暇接，心情愉悦。

三田先生精选了来自世界各地著名茶园的红茶，种类十分丰富，其中包括颜色鲜艳、香气浓郁的调味茶、由水果和香料调制而成的水果茶以及有益健康的草本茶，等等。三田先生曾说："TEAPOND的使命，就是将红茶的乐趣散播到人们每天的生活当中。"另外，凡在店内选购茶叶的顾客，都会获赠一张附有详细说明的卡片。对于顾客来说，收集这样的卡片也一种莫大的乐趣。

↑ 各式各样的茶叶罐，名字也独具特色，有的是"行进乐队"（marching band），有的是"花儿乐队"。它们被广泛运用于礼品包装以及茶叶替换装
↓ 茶叶的样品被放在迷你玻璃瓶中展示，可以通过样品品鉴茶叶的香气

TEAPOND 的调味茶

樱桃芭菲

樱桃芭菲的特点是果香浓郁、口味甘甜；以口味温和的整叶茶为基底，加入浆果和粉色、红色的蔷薇花瓣，组合成看起来如甜点般美丽的红茶。

推荐饮用方法：随泡随饮，或在浓茶中加入牛奶和砂糖来替代甜点。

800 日元/50 克。

原材料：红茶、冷冻干燥的蔓越莓、红蔷薇、粉蔷薇、香料。

荔枝公主

传说杨贵妃最爱的水果就是荔枝。这款红茶利用了荔枝芬芳的香气，以无涩感、极易入口的中国红茶为基底，甘甜浓郁的荔枝味、蔷薇的香气与甜味若隐若现。

推荐饮用方法：随泡随饮，或用来做冰红茶。

800 日元/50 克。

原材料：红茶、蔷薇花瓣、矢车菊、香料。

热情岛屿

热情岛屿在百香果和芒果等极具热情的南方水果中，加入了多彩的花瓣，特点是口感清爽，果香浓郁。茶汤呈现鲜明的琥珀色，像橙子一样。

推荐饮用方法：热饮，或用来做冰红茶。

800 日元/50 克。

甜蜜丰收

这款红茶的香气宛如蜜渍的水果，基底为口感温和的整叶锡兰红茶，混以包括苹果、葡萄干、樱桃在内的多种果干。

推荐饮用方法：可向茶汤中加入蜂胶，使口感更加丰富。这种品饮方法乃是 Teapond 的自信之作。

800 日元/50 克。

原材料：红茶、苹果、葡萄干、酸樱桃、蜂胶、香料。

格雷伯爵调味茶

这种调味茶的名字来源于英国的格雷伯爵，传说他钟爱在红茶中加入具有特殊香气的柑橘精油调味。

格雷伯爵 经典

天然佛手柑的清香与带着微熏香气的整叶中国红茶的传统组合。

推荐饮用方法：随泡随饮，制作冰红茶或浓度稍高的奶茶。

800日元/50克。

原材料：红茶、香料（天然香料）。

格雷伯爵 蓝鸟

天然佛手柑的清香混合东方的果实香气，再加入矢车菊。主要以产自高原的红茶为基底，散发着令人愉悦的香气。

推荐饮用方法：随泡随饮，制作冷萃茶

800日元/50克。

原材料：红茶、香料（天然香料或味道类似的香料）、矢车菊。

格雷伯爵 皇家牛奶

最适合制作使用大量牛奶的口感醇厚的英国风味奶茶。基底是短时间冲泡仍味道强烈、不会为牛奶味道所遮盖的阿萨姆产CTC茶。

推荐饮用方法：如果喜欢浓厚的口感，推荐用来做煮制奶茶以及印度拉茶。

840日元/70克。

原材料：红茶、紫色蔷薇、香料（天然香料）。

难忘的饮茶时光

TEAPOND 店长 三田佑也

我每天的工作就是帮助客人选择适合他们的红茶。最近在工作中，我渐渐发现越来越多的客人会将饮茶时光作为每天的特别享受——"新的一天是在喝完这杯奶味满满的红茶之后开始的"，"我会把泡好的茶装在一只大大的水壶里，工作的间隙喝上一口"，"我一般晚饭后喝一杯刚刚到货的当季红茶，以此来犒劳辛苦工作了一天的自己"，"冬天的时候，我最喜欢在茶里加入生姜"等。

诸如这般，在工作中我常是一边问着客人的喜好，一边想象每位客人与红茶相处的生活片段。光是想想这些事情，我便非常开心。而我在制作新的拼配茶和调味茶的时候，也就常常会想起从客人那里听来的、与饮茶时光相关的小故事。于是制茶时，我会首先确定一个主题，之后结合各种茶的口味和香味，想象客人们可能会在何时以何种方法饮用这种茶，最后再决定茶的配方。

就拿格雷伯爵来说吧，几种茶之间香味的差异自然不用说，与各种材料的搭配程度及冲泡方法也各有不同。于是，我有时会以与牛奶的配合为主题进行混合（比如想着对客人说："请享用这杯晨起醒神用的奶茶吧！"），有时会考虑作为冰红茶饮用来进行混合（比如想着对客人说："请装在大大的水壶里咕咚咕咚地喝吧！"），诸如此类。我会从大量红茶中选出不同的组合反复试验，最后混合出完美的成品。

对于一个红茶小店来说，拼配茶的制作在一定程度上是客人和红茶店共同完成的。这样完成的拼配茶也许可以说是上天的赏赐了。据说，欧美人一旦发现了自己喜爱的香水，就会一直使用下去。我想，红茶也是一样。对于我来说最高兴的，就是客人们选择我店里的红茶作为"我最喜爱的红茶"的时刻了。我在制作原创拼配茶的时候，一直怀有一种想法，那就是希望我们的红茶香气能够悄悄地融入大家的生活，为大家所喜爱。

下次大家在光临红茶店的时候，千万不要忘记告诉店家自己喜爱的红茶口味和饮用方法。说不定，这就会成为下一个"我最喜欢的红茶"诞生的契机。

店铺信息　TEAPOND
东京都江东区白河 1-1-11
电话：03-3642-3337
营业时间：11:00—19:00
※ 只出售红茶，不提供品饮场所。
网址：http://www.teapord.jp

大吉岭红茶专卖店

这里所贩卖的红茶，精选自大吉岭地区80家以上的茶园出产的红茶，客人们可以在店里对各种茶进行品尝之后再购买。还有"大吉岭名牌茶园试饮套装"，购买这个套装，就可以同时品尝来自卡斯尔顿茶园、澳克迪茶园（Okayti）、高地茶园、橘谷茶园（Orange Valley）等不同茶园的当季红茶，比较各茶园红茶的不同品质。不过要注意的是，店内提供的评茶工具是评茶杯而非茶壶。通过品尝，你可以感受到产自不同茶园的茶叶的特征，并切切实实地体验到各种红茶的香气，同时还能观察到茶叶舒展后的大小。另外，店内提供以时令调配茶及以红茶为原料制作的蛋糕，店铺网站主页上还有各种红茶相关的详细信息，可供查阅。

评茶杯

这家店的原创。注入热水时，由于杯中的空间较小，香气和热气不易挥散，故而可以最大限度地呈现出红茶原有的味道。宽大的杯口可以很好地释放出红茶的香气，并且方便丢弃茶叶，清洗茶杯。1700日元。

与大吉岭红茶一起出售的套装，2963日元。

●大吉岭红茶专卖店的红茶

集合了从茶园直接采购的当季红茶。随季节不同，供货茶园时有变化。
支持邮寄。详情请咨询店铺网站主页。

大吉岭橘谷茶园　2015 年春摘茶 FTGFOP1

 从茶园可以看到巨大的干城章嘉峰。此山谷得名于当地盛产的柑橘。橘谷茶园主要栽培的是中国种茶树。由于该地区属于高山气候，因此产出的红茶宛如嫩叶一般，若是将茶叶含在口中，会飘荡出百合般的文雅香气。1000 日元/50 克。

大吉岭洛西尼（Rohni）茶园　2015 年春摘茶 FTGFOP1 扦插种

 茶园的名字来源于流经茶园的一条名为洛西尼的小河。茶园坐落于一片政府所有的森林之中，森林里还栖息着大象和豹子。洛西尼茶园主要栽培优质扦插茶树，在茶园高处也栽培着少量中国种茶树。这里生产的等级最高的茶叶具有甘甜的香气，入口不涩，并且滋味浓郁。芳醇的香气宛如肉桂，又有微苦的回味。1000 日元/50 克。

大吉岭红茶 6 茶园组合套装

 该组合精选自 6 座茶园的最高级茶叶。这 6 座茶园分别为：卡斯尔顿茶园、澳克迪茶园、洰缇茶园（Goomtee）、雅芳格罗夫茶园（Avon Grove）、瑟琳玻茶园（Selimbong）、玛格丽特的希望茶园。10000 日元/40 克 ×6 罐。

店铺信息：大吉岭红茶专卖店
神奈川县川崎市麻生区上麻生 1-4-1 新百合之丘 L-Mylord 1F
营业时间：10:00 ~ 22:00　休息日：大厦闭馆日
网址：http://www.the-darjeeling.com

147

高级茶叶接连发售
优质茶包

一般来讲，很多人都抱有"茶包虽然冲泡方便、价格亲民、味道往往却差强人意"的观念。不过最近却出现许多使用了高级茶叶的优质茶包产品，其中有使用品级为FTGFOP-1S的"银尖"，也有使用大吉岭DJ-1整叶茶的茶包。可以说，这些优质茶包实现了"美味、便捷、完美"的理想。现在，茶包的种类和形式还在不断升级中。下面介绍能使茶包发挥出最大魅力的冲泡方法。

马凯巴利DJ-1茶包
通过日本JAS认证的人吉岭红茶。
用尼龙纤维制成的四面体状茶包包裹着整叶茶。经过一段时间闷泡后，茶叶的精华就会被释放。
铝制袋装，1800日元/2克 × 16袋。

详见：马凯巴利日本代理商 http://www.makaibari.co.jp

2015年3月25日的初摘红茶"DJ-1"*，从茶园直接空运到日本。香、味俱全的春摘茶给人以精力充沛的感觉。茶包采用了未经碎压、叶片形态较为完整的茶叶，因此人们能够充分感受到茶叶在水中的优美姿态和品茶的趣味性。茶园主说："为了保留茶叶本来的形态，我们尽可能地不加入人的加工痕迹，以呈现出茶叶突出的香与味。"

*DJ-1是指该年度该茶园初次售卖的红茶。

玻璃茶壶/TEAPOND

茶包的出现距今已逾百年

茶包的出现是一个偶然。据说美国的茶叶批发商托马斯·沙利文（Thomas Sullivan）曾将红茶的茶叶样品用丝绸袋子包装后送给客户，客户收到茶叶后直接加入热水冲泡，便产生了茶包。1908年，茶包材质由丝绸改为棉纱，形状得到了一定改良的茶包开始了初步的商品化销售。20世纪20年代，茶包在美国开始了大范围销售。1947年，德国发明了茶包的机械化包装生产技术，使量产茶包成为可能，由此茶包产量大幅度提高。20世纪50年代，英国开始销售茶包，不久日本也开始了销售。期间，茶包的材质与形状不断升级，材质从丝绸变为棉纱，从纸变为尼龙，形状也由信封状变为四面体状。

使茶叶能充分舒展的四面体状

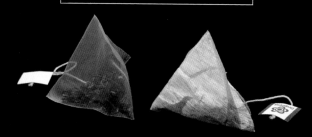

因为四面体状茶包的内部空间大，茶叶能够很好地舒展开来，所以四面体状茶包适合包装未经碎压的整叶茶。四面体状茶包有无纺布、尼龙和对环境友好的植物性材料（埋在土里后加水就能进行分解，或能通过微生物进行分解）等多种不同材质。

连细碎叶片都能包裹起来的信封状

价格亲民的茶包多使用信封状。最近为了进一步减少纸张的味道，同时更好地释放出茶叶的精华，研究人员对茶包进行了改良，还出现了在微波炉里也能使用的不含订书钉的产品。

精选大吉岭10座茶园的茶包套装

这个套装精选了大吉岭地区10座茶园的夏摘茶。如果你想品尝不同风味的红茶，或是想寻找适合自己的红茶茶园，这会是一个很好的选择。另外，为便于区分，标签上均标注了茶园的名字。茶园包括雅芳格罗夫、爱雅（Arya）、澳克迪、橘谷、卡斯尔顿、洉缇、辛格鲁（Singell）、瑟琳玻、玛格丽特的希望和里斯希赫特茶园。1000日元/袋。

详询：大吉岭红茶专卖店 http://www.the-darjeeling.com/

推荐茶包

夏摘茶
陈年麝香葡萄茶包
FTGFOP-1S

果香馥郁四散，
享受独处时光的最佳选择

夏摘茶是一年中香味和口味最有活力的种类。因为小绿叶蝉（如下图所示）会在茶田里飞舞，吸食茶叶的汁水，所以红茶会散发出果实般芬芳的香气。通过对日照时间、茶田倾斜度的比较，在精选的几个茶田中甄选出高品质的茶树，由茶农手工采摘一芽二叶。因为茶叶中饱含闪耀着银色光芒的芽尖，所以味道芳香醇美，可以说是大自然和茶农的馈赠。茶叶已取得日本JAS认证。

1铝制袋内含20小袋茶包。
1800日元/袋

详询：马凯巴利日本代理商 http://www.makaibari.co.jp

有公平贸易标签的红茶

● 什么是公平贸易

公平贸易是支援发展中国家的小农业者和农场劳动者的一种有组织的贸易活动。通过公平贸易活动，生产者不仅可以获得公平交易商品的机会，还能直接从销售额中获得部分利润。此举不但能够促进社会和经济的发展，还能有效维护良好的生态环境。

详询：http://www.fairtrade-jp.or

这款来自马凯巴利茶园的夏摘茶，在生长过程中沐浴了充足的阳光，并且在栽培中应用了生物动力农法，具有香味丰富、果味浓郁的特点。四面体状的茶包能让茶叶叶片在水中充分舒展。在马凯巴利茶园劳作的人们，家里都有一套生产沼气的系统。牛粪和水进行化学作用产生的甲烷气体，可以用于生火做饭。这样一来，人们就无须到森林中伐木，妇女和儿童也无须到森林中去捡拾树枝了。换言之，选购这款茶，可以在享受茶叶的同时，支持马凯巴利茶园的生产模式，为生态社会做出贡献。

900日元/2.5克×20袋

详询：马凯巴利日本代理商 http://www.makaibari.co.jp

三个诀窍

1 使用沸腾的开水。

2 先加水，再放入茶包。

3 盖上杯盖，闷泡一会儿茶叶。

一袋茶包刚好是一杯红茶的量。泡茶的要点在于，使用未冷却的沸腾的开水，让茶叶在开水中充分闷泡。不同种类商品所装的茶叶量有所不同，但推荐的冲泡配比为1克茶叶对应100毫升开水。

用起来很方便的
计量茶杯

虽然说一袋茶包对应一杯茶水，但有些马克杯容量超过了300毫升。在这样的杯中加满水的话，就会因为水量太大而造成茶水味道太淡。使用这款玻璃计量茶杯，就能加入正确的水量，从而避免这样的问题。同时它还具有便于倒茶、便于观察茶汤颜色的优点，杯盖的大小也充分考虑到了小碟子、茶碗蒸器皿和烧水壶的口径，十分实用。

用茶包泡出一杯好茶的方法

1 将水烧开，倒入茶壶或茶杯中，预热后将水倒出。

2 先将适量的热水倒入预热后的茶壶或茶杯，再放入茶包，防止先放入茶包再加水时，标签坠入容器。

3 盖上盖子闷泡。碎茶叶所需的闷泡时间大致在1~2分钟；未经碎压的茶叶则需要5~6分钟。

4 因为红茶的析出物可能会聚集在杯底，所以可以将茶包上下左右提拉晃动一下，让析出物分散得更均匀。不要因为怕浪费而挤压茶包，否则可能会产生多余的涩味或造成茶汤浑浊。

* 用茶包制作奶茶时，建议减少1~2成水量，这样奶茶的茶味会更浓，更好喝。

* 可以尝试自由组合不同品种的红茶，或加入香料，以此享受自制拼配茶的乐趣。

冰红茶

便捷爽口 **加冰块**	首先，在预热后的茶杯中加入半杯沸腾的开水，再放入茶包，盖上盖子闷泡。其次，待茶汤颜色变深后，若想喝甜一点的茶，可加入蜂蜜一类的东西调节甜度。最后，在玻璃杯中放满冰块，再将茶汤倒入杯中急速冷却。 * 可根据个人喜好加入薄荷、牛奶、白兰地、威士忌等。
慢泡醇厚 **冷萃**	在可供冷藏用的茶壶中放入若干茶包，加入适量水（约为1克茶叶对应100毫升水），将茶壶放入冰箱冷藏半天或一个晚上。

用茶包制作调配茶

柑橘香加倍，属于成年人的美味

格雷伯爵香料酒

源于法国的热葡萄酒，即香料酒，是一种在加热过的红酒里放入橙子或肉桂的饮品。在寒冷的冬天饮用此酒，能让身体暖和起来。此时，如果再加入红茶调配的话，香味和美味都会更进一步。虽说使用普通红茶也可以，但使用格雷伯爵的话，其本身带有的柑橘香会让香料酒中的柑橘香更突出，调配后口味会更好。另外，使用茶包来制作的方式，简单且容易上手。

● 材料和做法（2 人份）

1 在小锅中放入一袋格雷伯爵茶包，一根肉桂条和 2~3 片生姜薄片，加入 200 毫升水一起加热。水沸腾后，盖上锅盖闷泡一会儿。

2 锅中放入两片橙子薄片，加入 200 毫升红酒后盖上锅盖继续加热。在酒沸腾前将火关上（酒量较差的人可以让酒沸腾一会儿）。之后可按照个人喜好调节甜度。

● 甜味的选择：如果加入草莓酱，可以制作出类似黑皮诺红酒的味道。也可以加入蜂蜜。

● 香料的选择：加肉桂则香味芬芳且甜味适中；加迷迭香则香味十足；加丁香则带有异域风情；加生姜则有暖身的功效。

● 其他品饮方法：在做好的格雷伯爵香料酒中再放入西梅干或苹果一起煮，煮好的果干就会成为与红酒相宜的下酒菜了。也可搭配奶酪食用。

有机格雷伯爵茶，含有小块橙子和佛手柑，柑橘香浓郁。
原材料：有机红茶、佛手柑。
480 日元/2.2 克 × 25 个。
详询：利马公司
http://www.lima.co.jp

清爽的柠檬酸与醇厚的蜂蜜甜，与红茶涩味非常和谐

蜂蜜柠檬茶

● 材料和做法（1 人份）

1 在预热后的茶杯中加入沸腾的水和一袋茶包，盖上盖子后闷泡出深色的浓茶。加入 1~2 小匙（可按照个人喜好调节）蜂蜜搅拌均匀。

2 取半个或 1/3 个柠檬，压榨出柠檬汁（约 10~15 毫升），加入 1 中。

* 如果加冰块饮用，注意将 1 的水量减少至茶杯容量的 2/3。

† 柠檬推荐使用日本产的中国种柠檬。这种柠檬味甜多汁，十分适合搭配红茶。

* 可以用梅酒替换柠檬，不需要加蜂蜜。

世界红茶品牌的历史

在各个茶园为了生产出具有独一无二香味与口感的原茶茶叶而不断努力的同时，各个品牌也在争相研发口味独特的、能成为招牌的拼配茶。对于品茶的人来说，品尝产自于甄选茶园的具有独特风味的单品茶固然是一种享受，但另一方面，到红茶专卖店去品尝比较各品牌研发创造的招牌拼配茶，也别有一番乐趣。接下来，将对18个新旧红茶品牌进行分析，这18个品牌中，既有创立400年以上的、对世界历史颇有影响的知名老店，也有进入21世纪后才出现的新星。

1600　1700　1800

时间轴：

- **10C-13C** 中国出现了半发酵茶
- **1600** ●不列颠东印度公司创立
- **1652/1669** ●英荷战争　英国取得荷兰战争胜利，开始从中国福建直接进口茶叶　英国禁止从荷兰进口茶叶
- **1700** 德国品牌达尔麦亚（Dallmayr）在慕尼黑创立　全发酵茶出现，半发酵茶（乌龙茶）转变为全发酵茶（红茶）
- **1706** ●托马斯·川宁在伦敦开设「黄金狮子」红茶专卖店
- **1717** ●托马斯·川宁（Thomas Twining）开设「托马斯咖啡馆」
- **1773** ●波士顿倾茶事件
- **1775/1783** ●美国独立战争
- **1779** ●法国大革命
- **1800** 英国开始逐渐丧失红茶的垄断权
- **1823** 英国人罗伯特·布鲁斯（Robert Bruce）在阿萨姆地区的森林里发现了新品种的阿萨姆茶树，英国开始在殖民地锡兰大规模种植阿萨姆茶树，美国打破了英国在茶叶进口方面的垄断特权，
- **1823** 德国品牌隆福德在法兰克福创立
- **1849** 伦敦的「哈罗德」（Harrods）红茶专卖店开张

世界历史似乎跟红茶有着千丝万缕的联系。其中最值得一提的，莫过于现存最早的红茶公司——不列颠东印度公司。1600年，东印度公司奉英国女王伊丽莎白一世（Elizabeth I）的命令成立，并在此后的200年间垄断着受国家认可的中国茶贸易。1706年，被称为英国红茶代名词的"川宁"创立。同年，英格兰与苏格兰议会分别通过了合并条例，"兄弟相争"的苏格兰与英格兰最终得以合并。次年，大英帝国建立。

1773年，波士顿倾茶事件爆发。第一次工业革命以后，大众市场对红茶的消费需求增加，而扩大了进口规模，积压了过多茶叶的东印度公司正为这些茶叶的销路犯愁。为此，英国给了它的殖民地美国马萨诸塞州茶叶专营权。为了抗

世界历史中的红茶与红茶品牌的发展

1920　1940　1960　1980　　　　　2000　2010

1854　1886　1886　1889　1906　1914　1924　1939　1953　1981　1984　1987　1988　2004　2007　2010

- 1854　「玛黑兄弟」红茶专卖店在巴黎创立
- 1854　埃迪亚尔（Hediard）高级食材店在巴黎开业
- 1886　查尔斯·泰勒（Charles Taylor）于英国约克郡的哈罗盖特（Harrogate）创立「泰勒·哈罗盖特」（Taylors of Harrogate）红茶品牌
- 1886　汤姆斯·利吉威（Thomas Ridgways）接到了英国维多利亚女王的红茶订单
- 1889　汤姆斯·立顿爵士（Sir Thomas Lipton）在苏格兰开创红茶产业
- 1906　明治屋开始进口立顿茶和川宁茶
- 1914　● 第一次世界大战
- 1924　● 世界金融恐慌
- 1939　● 第二次世界大战
- 1953　亚曼·阿芙夏（Ahmad Afshar）在亚洲创办「亚曼茶」（Ahmad Tea）
- 1981　安德鲁·德默斯（Andrew Demmer）在维也纳创立「德默斯茶屋」
- 1984　麦克·布雷姆（Mike Brehme）和洛雷纳·布雷姆（Lorraine Brehme）在英国创立「克利帕」（CLIPPER）品牌
- 1987　法国品牌「帕莱迪缇」（Palais des Thés）在巴黎的蒙帕纳斯创立
- 1988　梅里尔·J·费尔南多（Merrill J. Fernando）在斯里兰卡创办「迪尔玛」（DILMAH）
- 2004　爱德华·艾斯勒（Edward Eisler）创办「金茶」（JING TEA）
- 2007　「宝希拉」（BASILUR TEA）在斯里兰卡开设门店
- 2010　东印度公司在伦敦的梅费尔区开设门店

议英国这一举动，50个乔装成当地居民的人一边大喊着"把波士顿港弄成茶壶"，一边把停泊中的东印度公司茶船上的342箱茶叶都倾倒入海。亦有说法认为，波士顿倾茶事件客观上加速了美国独立战争的爆发。

1823年，英国人在印度殖民地发现了野生阿萨姆种茶树，趁机开始在印度大规模生产红茶，以此取代中国种红茶。1849年，由不列颠东印度公司控制的红茶贸易垄断时代接近尾声，红茶贸易走向自由化。创立于1849年的伦敦著名百货商店哈罗德百货的前身，也是主营红茶的食品类杂货店。将红茶的发展置于世界大历史背景之中，更能从探寻红茶品牌的历史中发现无穷趣味。

东印度公司
THE EAST INDIA COMPANY TEAS

🇬🇧 英国，伦敦　1600年创立

大英帝国奠基的世界最早的股份公司

斯汤顿·格雷伯爵

这款用优质橙花油与佛手柑调味的格雷伯爵茶，味道奢华而舒缓。2000日元/125克。

获得英国女王伊丽莎白一世的特许而创办的东印度公司是将红茶推向世界的有功之臣。在东印度公司的红茶中，最具特色的就是还原了原始配方的传统拼配茶。最近，东印度公司也在积极进行调味茶的研发。位于大吉岭地区的东印度公司直属茶园，严格把控生产品质，主要采用直属茶园自产的茶叶，此外也使用斯里兰卡、阿萨姆、肯尼亚等签约茶园的茶叶。东印度公司生产的拼配茶较为醇厚，是佐餐或搭配甜点的上佳选择。

其他推荐

坎贝尔·大吉岭

这款茶以芳香馥郁的夏摘茶为基底制成，拥有精品茶叶才能冲泡出的鲜艳的酒红色茶汤。2000日元/125克。

皇新整叶茶

这款茶是1954年英国女王伊丽莎白二世和菲利浦亲王访问努沃勒埃利耶时，以当地产红茶为原料制成的拼配茶。2000元/100克。

艺术茶

艺术茶是东印度公司与英国国家美术馆联袂打造的五种合作款茶叶中的一种，由金盏花茶和大吉岭红茶混合而成。1046日元/375克。

品牌信息

创始者：不列颠东印度公司　详询：因特迪克公司（Interdec）电话：03-5537-2741
http://www.eastindiacokpany.jp

川宁
TWININGS

英国，伦敦　1706 年创立

小咖啡馆变为英国皇家御用供应商，并走向世界

大吉岭

采用产自喜马拉雅山麓大吉岭地区的最上等茶叶，配方是商业机密。1045日元/100克。

川宁起源于托马斯·川宁在伦敦开设的一家"托马斯咖啡馆"。这里出售的红茶备受好评，随后托马斯创立了英国最早的红茶专卖店"黄金狮子"。托马斯咖啡馆一改往日禁止女性出入的传统，开始对女性开放。总店后来更名为现在的"川宁"。后来，川宁品牌开发了格雷伯爵茶，获得了英国皇家御用供应商的殊荣，发明了茶包，到达了世界红茶的最高峰。如今，川宁公司精选严格把关生产的茶叶，聘用专属首席调配师，致力于新品拼配茶的研发。

其他推荐

格雷伯爵

受曾经的英国首相格雷伯爵委托开发的著名拼配茶。875日元/100克。

格雷夫人

在格雷伯爵茶的原料基础上，加入橙皮、柠檬皮与矢车菊花瓣混合而成。875日元/100克。

品牌信息

创始人：托马斯·川宁公司　详询：片冈物产　电话：0120-941-440
www.twinings-tea-jp

隆福德
RONNEFELDT

 德国，法兰克福　1823年创立

唯一在七星级酒店中供应的德国珍宝级红茶

爱尔兰麦芽

以阿萨姆茶为基底，混入可可豆制作而成。这款茶饱含浓情巧克力风味，是制作皇家奶茶的绝佳选择。1650日元/100克。

在日本看不到隆福德的罐装产品，由此能看出德国品牌极度注重环保的作风。这个品牌放弃了对高效率的追求，选择手工采摘的一芽二叶作为原材料，始终保持着对茶叶品质的匠心追求。同时，隆福德认为，只有具备广博红茶知识的人才能够服务顾客，故而独树一帜地采用了特许经销店的销售模式。为此，隆福德特设长达15个小时的培训与考核，只有通过培训与考核的人，才能够拿到隆福德的销售许可，挂牌成为"隆福德茶叶精品店"的一员。

其他推荐

黄金大吉岭格雷伯爵

由最上等的大吉岭红茶制成，蕴含高雅的佛手柑香味，在日本长期畅销，深受追捧。1650日元/100克。

朝露

隆福德25周年庆时推出的人气拼配茶，玫瑰与芒果混合的茶香独具诱惑。1800日元/100克。

菲仕与弗雷什

混合了苹果、木槿、玫瑰果、黑加仑等多种配料。香味轻柔，酸味适中，非常受女性欢迎。1650日元/100克。

品牌信息

创始人：约翰·托比斯·隆福德（Johann Tobias Ronnefeldt）详询：隆福德茶叶精品店
电话：0120-788-381 http://www.ronnefeldt.jp

哈罗德
HARRODS

🇬🇧 英国　1849 年创立

以红茶专卖店为起点的世界级百货商店

位于伦敦东区的哈罗德，初创时是一家主营红茶的食品杂货店。从开业起，红茶就是它的主打商品。第二代管理者深化了专营红茶的特色，并扩大了营销规模。所以，即使成了世界知名百货公司，哈罗德的红茶买手每年也都会到印度的茶园大量采购精心优选的茶叶。

拼配茶 No.14

这款茶完美融合了大吉岭、阿萨姆、锡兰、肯尼亚红茶的特色，集各家红茶之所长，获得了红茶界诸多奖项。2200日元/125克。

品牌信息

创始人：查尔斯·亨利·哈罗德
详询：T's TRADING 公司　电话：03-3534-6490

利吉威
Ridgways

🇬🇧 英国　1836 年创立

拼配茶是促使红茶稳定供应的头号功臣

19世纪后，红茶文化开始在平民百姓中传播开来，位于伦敦的利吉威开创了用名为"远茶快船"的帆船专运红茶的先河，优质味美的口碑传入了英国皇室，后来更是奉维多利亚女王之命，专门为女王制作了H.M.B茶（Her Majesty's Blend，意为女王陛下的专属拼配茶），由此成为英国皇室御用红茶供应商。

H.M.B

1886年，奉英国女王维多利亚之命制作的配比绝妙的特制拼配茶。

品牌信息

创始人：汤姆斯·利吉威　详询：HAMAYA
电话：0120-054-808
http://www.hi-ginza.com/ridgway/

163

玛黑兄弟
MARIAGE FRÈRES

■ ■ 法国，巴黎　1854 年创立

诞生于大航海时代，洞悉世界红茶秘密的神赐之子

格雷伯爵 法蓝

宛如高雅洗练的天鹅绒，混合了佛
手柑和矢车菊两种香气。100克/罐，
2500日元。

玛丽阿奇家族（Magiage）从路易十四时
期就开始从事海外贸易。随后在1854年，
亨利·玛丽阿奇和爱德华·玛丽阿奇兄弟
成立了红茶专卖店——玛黑兄弟。当时的
玛丽阿奇家族把控着法国到中国和斯里兰
卡的贸易渠道，故而作为法国的第一家茶
叶贸易公司，玛丽阿奇兄弟从初创起就向
有钱人家、高级食品店、法式甜点沙龙以
及老牌高级酒店销售红茶。现在，精选自
35个国家的茶园制造的超过500种茶叶，
同时通过门店和邮购渠道销售。

其他推荐

我有一个梦想

柠檬、葡萄柚、蜜柑、柚子
等柑橘类水果的梦幻演绎。
90克/罐；3000日元。

美食家的传承马卡龙

具有法式传统甜点马卡龙般
的奶油与果香口感。100克/
罐，3500日元。

马可波罗

调味拼配茶。在中国茶的基
础上加入了来自西藏地区的
花和水果，具有特殊的芳香。
100克/罐，2600日元。

品牌信息

创始人：亨利·玛丽阿奇、爱德华·玛丽阿奇　详询：玛黑兄弟银座总店
电话：03-3572-1854 https://www.mariagefreres.com/FR/accueil.html

埃迪亚尔
HEDIARD

■ ■ 法国，巴黎　1854 年创立

巴黎文人、艺术家和政治家钟爱的高级茶店

大吉岭

100% 使用印度的大吉岭红茶，口感
轻盈柔和，具有如麝香葡萄酒般的馥
郁香气。2700日元/125克。

大约在160年前，埃迪亚尔作为高级食品
杂货店，开始在巴黎的玛德莲广场（Place
de la Madeleine）营业。埃迪亚尔的常
客中不仅有毕加索、海明威等艺术家和文
豪，还有从社交界到政界的名流。埃迪亚
尔是唯一一家加入了科尔贝（Colbert）委
员会[1]的食品店，自创立之初开始，就一直
孜孜不倦地探求茶叶的专业知识，挑选茶
叶时也时刻注意茶叶本身所具有的多样性
以及各种茶叶之间的细微差别。该店的招
牌是具有浓郁法国风情的调味茶。

其他推荐

格雷伯爵

在中国茶中混入酸味强烈的佛手柑精
华，清爽的口感让人不忍释杯。2200
日元/125克。

埃迪亚尔拼配茶

除了加入佛手柑精华，还混入从柠檬、
柑橘中提取的精油，是埃迪亚尔极力
推荐给格雷伯爵爱好者的珍品。2200
日元/125克。

品牌信息

创始人：费迪南·埃迪亚尔　详询：世纪贸易公司（Century Trading Company）
电话：03-3208-5881　http://www.ct-c.co.jp/foods/hediard.html

---

1 科尔贝委员会：又名法国名牌商标委员会，其成员主要有爱马仕、路易·威登等奢饰品品牌。

泰勒·哈罗盖特
TAYLORS OF HARROGATE

英国，哈罗盖特 1886 年创立

约克郡红茶的始祖，对泡茶用水了如指掌

约克郡金

混合了20种以上的茶叶，具有独特的涩味，口感轻柔温和。1800日元/250克。

诞生于英国哈罗盖特的泰勒于1886年开发出了一款独特的红茶，并以所在的约克郡来为其命名，这就是泰勒的代表——约克郡红茶。这个深受著名作家阿加莎·克里斯蒂（Agatha Christie）喜爱的小镇哈罗盖特至今仍然保留着英国爱德华王朝时期的景象，并且盛产矿泉水。泰勒的茶叶品尝师们利用当地的矿泉水试泡不同的茶叶，保证不同的水质可以搭配不同的茶叶。这里不仅出产用硬水冲泡，味道依然出众的硬水用拼配茶，还有适合软水冲泡的软水用拼配茶。招牌约克郡金红茶在约克郡红茶的基础上精雕细琢，再添风味，是泰勒红茶中最适合用软水冲泡的拼配茶。

其他推荐

格雷伯爵

在极品茶叶中加入从佛手柑中提取的天然精油，具有特殊的香气。口感清爽，味道优雅。2750日元/125克。

茶室特供拼配茶

特供泰勒公司自营茶室"贝蒂斯"（bettys）的原创拼配茶。茶香芳醇，滋味浓郁。3000日元/125克。

品牌信息

创始人：查尔斯·泰勒 详询：TRC JAPAN
电话：03-6380-9579 http://www.trcjapan.com

馥颂
FAUCHON

FAUCHON
PARIS

■ ▮ 法国，巴黎　1886 年创立

严谨的选茶态度，令全世界红茶迷交口称赞

苹果

在锡兰红茶中加入了苹果香气的馥颂调味茶的代表作。1800日元/100克。

馥颂基于"只提供独一无二的、能够搭配各种美食的商品"的经营理念，最初只是开在巴黎玛德莲广场的一家小食品店。在红茶的选材上，馥颂从茶叶的著名产地中选择了最值得信赖的茶园，并且绝不放过每年气候变化给茶叶生长状况带来的任何一丝微妙影响。如果当年该茶园收获的茶叶品质不好，馥颂就会放弃该茶园这一年生产的所有茶叶，并更换一家合适的茶园。正是以这种严谨态度甄选出来的精品茶叶，才能让全世界的红茶迷都爱不释手。

其他推荐

大吉岭 F.O.P.

使用了栽培在印度北部大吉岭地区险峻山脉一侧的红茶。茶叶叶面大，有宛如花香的细腻香气。2900日元/100克。

巴斯

外形很像欧洲用于节日祝福的传统糖果，有杏仁、玫瑰、茉莉的香气。2600日元/100克。

巴黎午后红茶

以红茶为基底，在加入玫瑰花瓣和橙皮的同时更添香草气息的调味茶。2400日元/100克。

品牌信息

创始人：奥古斯都·馥颂　详询：Good Live 电话：0120-766-855
http://www.goodlive.co.jp/inquiry/index.html

达尔麦亚
DALLMAYR

Dallmayr

■■■ 德国，慕尼黑　1700 年创立

拥有欧洲屈指可数的魅力红茶

No.13 大吉岭 SFTGFOP1
达尔麦亚的代表作，长久以来深受顾客喜爱的春摘茶。2500日元/125克。

创立于1700年前后，于1870年左右被冠名为"达尔麦亚"。当时的达尔麦亚深受巴伐利亚王室和德国皇帝的重用，被封为王室御用即食产品供应商。达尔麦亚的红茶部门也诞生于此时。为了能够选出具有最佳香气的茶叶，按照公司惯例，达尔麦亚的红茶专家们每天需要品饮300杯红茶，以求选出最优良的红茶品种及茶园。

其他推荐

零陵香
混有多种香料、水果及生姜，适合在休息时间和睡前饮用。2000日元/100克。

No.16东方弗里斯兰
使用旺季采摘的阿萨姆红茶制成，适合加入牛奶一同饮用。2000日元/125克。

No.5锡兰红茶
使用高原产的极品茶叶，滋味浓郁，品质优良，涩味清淡，并带有清爽悠长的余韵。2200日元/125克。

品牌信息

创始人：阿罗伊斯·达尔麦亚（Alois Dallmayr）　详询：AMADEUS
电话：078-858-7145　http://www.dallmayr-jp.com

立顿
LIPTON

be more tea

🏴 苏格兰，格拉斯哥　1889 年创立

生来就具备商人和慈善家双重身份，"从茶园直接进入茶壶的好茶"

立顿黄牌

立顿红茶的经典，也是十分符合日本消费者口味以及日本水质的拼配茶，将立顿茶园的新鲜红茶传递给了每一个人。50克，商家自行定价。

立顿红茶的创始人汤姆斯·立顿爵士于1850年出生在格拉斯哥。他很小的时候就在自家开的店里帮忙，长大后去了美国。在美国，他学习了诸多商业技巧，学成归国后在故乡取得了商业上的巨大成功。为实现多年来一直拥有的推广平价红茶的愿望，他在斯里兰卡购买了一个茶园来生产茶叶。而后，立顿的平价红茶不仅在英国畅销，更得到了全世界逾125国人民的喜爱。

品牌信息

创始人：汤姆斯·立顿爵士　详询：联合利华
电话：0120-238-827 http://www.lipton.jp

迪尔玛
DILMAH

🏴 斯里兰卡　1988 年创立

创立红茶品牌的梦想坚持了 60 年

拉·瓦特

只使用产自海拔1800米的努沃勒埃利耶红茶，口感清爽纯净。1600日元/125克。

虽然斯里兰卡自殖民地时代以来就一直是茶叶生产基地，但斯里兰卡人的生活条件并没有因此得到改善。梅里尔·J.费尔南多（Merrill J. Fernando）成了首个来自斯里兰卡的英国评茶师学徒，并开始在伦敦接受训练。费尔南多在英国生活到32岁，回到祖国后，开始了面向世界各地的红茶出口贸易，并创立了迪尔玛这一品牌。

品牌信息

创始人：梅里尔·J.费尔南多　详询：Waltz
电话：0532-33-3517 http://www.dilmah.jp

亚曼茶
AHMAD TEA

🇬🇧 英国　1953年创立

从亚洲到英国，创始人的追梦之旅

格雷伯爵
亚曼最受欢迎的拼配茶。不仅可以随泡随饮，也是制作奶茶的好材料。800日元/100克。

亚曼茶的创始人亚曼·阿芙夏（Ahmad Afshar）在英国学会了红茶的混合技巧，随后远赴亚洲，并开启了他的红茶事业。他在亚洲一边学习茶叶的选择及发酵技术，一边将在亚洲生产的红茶销售到他的祖国——英国。随后，第二代店主带着以良心价格出售的高品质红茶回到英国，在南安普顿开设红茶专卖店，将本是上流社会人士嗜好的红茶，以原创拼配茶的形式进行低价销售，广受赞誉。随后，他又采纳客户的意见，从1986年开始，出售罐装红茶。如今，亚曼茶在世界80多个国家均有销售，并已成为世界第5大红茶品牌。

其他推荐

桃子与百香果
茶包。加入了实实在在的果干，有华丽的水果香气，可用于制作冰红茶。410日元/20包。

低咖啡因格雷伯爵
茶包。除去了广受欢迎的格雷伯爵中96%的咖啡因，可在妊娠期、哺乳期及睡前饮用。470日元/20包。

英式早餐
具有浓厚的甜味、香醇的口感及新鲜的滋味。它与牛奶相得益彰，早晨饮用一杯使用此茶冲泡的奶茶，将给人带来可以持续一天的满满元气。800日元/100克。

品牌信息
创始人：亚曼·阿芙夏
详情：富永贸易　电话：078-232-8602　http://www.ahmadtea.jp

德默斯茶屋
DEMMERS TEEHAUS

▰▰▰ 奥地利，维也纳　1981 年创立

在咖啡之城维也纳取得成功，继而传向了世界各地

萨赫拼配茶

以大吉岭红茶为基底，加入茉莉和佛手柑，具有浓郁的东方风情。1945 日元/100 克。

德默斯茶屋总店位于奥地利的维也纳，并在欧洲各地拥有 30 余家分店。德默斯茶屋成功的秘诀就在于严控茶叶品质——公司严格控制从商品开发、茶叶采购、检查、混合、制造到发货的红茶产销全过程。在德默斯茶屋的产品中，最受喜爱的还属公司原创的调味茶。

品牌信息

创始人：安德鲁·德默斯　详询：德默斯茶屋
电话：03-5772-1812 http://www.demmer.co.jp

帕莱迪缇
PALAIS DES THÈS

■ ■ 法国，巴黎　1987 年创立

50 个红茶专家的理想果实

大本钟

滋味浓郁的阿萨姆红茶与温润柔和的云南红茶的完美结合。2500 日元/100 克。

帕莱迪缇是由聚集在巴黎蒙帕纳斯（Montparnasse）的 50 位红茶专家和爱好者为了制造出自己心目中理想的红茶而创立的红茶品牌。为了确保茶叶的新鲜度和品质，他们远赴 20 余个红茶产国，亲自完成采购工作，同时不放松监管当地的劳动环境、卫生环境，并时常指导农耕方法。他们与当地的生产商建立了深厚的信赖关系，而正是这一种信赖关系，成为帕莱迪缇红茶品质的保障。

品牌信息

创始人：弗朗索瓦·赛维埃·德鲁马
（François-Xavier Delmas）　详询：帕莱迪缇
电话：03-5809-3377 http://www.pom.co.jp

克利帕
CLIPPER

CLIPPER®
NATURAL, FAIR & DELICIOUS

🏴 英国，多赛特　1984 年创立

环球旅行时带回的两箱阿萨姆红茶改变了红茶历史

有机公平贸易格雷伯爵

在印度和斯里兰卡的有机茶叶中加入天然佛手柑，是让格雷伯爵爱好者拍手称赞的作品。830日元/40克。

大师级评茶师麦克·布雷姆（Mike Brehme）和洛雷纳·布雷姆（Lorraine Brehme）一直怀有这样一个愿望：他们希望能以公平价格与正当手段购入优质红茶，与顾客们一同分享。怀揣着这样的梦想，他们开始环球旅行，并从阿萨姆带了两箱最高级的阿萨姆红茶。他们用这两箱红茶从自家厨房起步，一步步发展成了现在的克利帕。可以说，公平贸易和有机栽培的理念，不仅为顾客提供了优质的茶叶，也给生产商带来了幸福。

其他推荐

有机公平贸易阿萨姆拼配茶低咖啡因版

使用自然的脱咖啡因法制成。在使茶叶中咖啡因残留率不到0.2%的同时，完好地保留了有机阿萨姆红茶的丰富滋味。870日元/50克。

有机公平贸易英式早餐茶

有机阿萨姆红茶与有机锡兰红茶的结合。最适宜晨起饮用。830日元/50克。

有机公平贸易印度拉茶

将有机红茶和有机香料混合制成的印度拉茶，口感丰富。720日元/60克。

品牌信息

创始人：麦克·布雷姆和洛雷纳·布雷姆
详询：MIE PROJECT　电话：03-5465-2121　http://mieproject.com/

172

金茶
JING TEA

🇬🇧 英国，伦敦 2004 年创立

以简单致胜的卓越红茶，品位优雅

金茶的创始人、英国的爱德华·艾斯勒（Edward Eisler）怀揣着"让最高品质的红茶扎根于英国"的想法，创立了一个年轻而又充满活力的高级红茶品牌——金茶。金茶选择历史悠久的茶园作为供货商，并且只选用熟练工人投入所有心力培育出来的最高等级茶叶。因此，这一品牌深受世界顶级酒店及米其林餐厅星级主厨的欢迎。

格雷伯爵散装整叶茶

以最高级的锡兰红茶为基底，加入天然佛手柑的提取物及矢车菊。2500日元/100克。

品牌信息

创始人：爱德华·艾斯勒 详询：三笠通商
电话：03-3391-2251 http://japan.jingtea.com/

宝希拉茶叶
BASILUR TEA

🇱🇰 斯里兰卡 2007 年创立

来自于积累了全世界制茶经验的红茶产地

宝希拉茶叶的新工厂，位于资源丰富的锡兰红茶原产国斯里兰卡。宝希拉茶叶坚持严格的品质管理体系，做到了全部红茶均在采摘后1个月内制成成品茶，并且全部由专业的评茶师全程把控茶的拼配。宝希拉出产的红茶因其上等的香气和醇厚的口感，得到了顾客的一致好评。

黄金岛屿

仅使用OP1茶叶，极尽奢华。具有浓浓的烟熏香气以及温和醇厚的口感。2500日元/100克。

品牌信息

创始人：伽米尼·阿比拉玛 详询：宝希拉日本
电话：078-335-6885 http://www.basilurtea.jp

奶茶和皇家奶茶

皇家奶茶竟是日本原创?

在红茶的家乡英国,菜单中虽然有奶茶,但是却不存在皇家奶茶。"皇家"虽然代表的是皇室,然而英国的女皇陛下大概从未听说过"皇家奶茶"这个词。

其实,皇家奶茶诞生于日本京都。1930年,福永兵藏在京都的三条开了一家立顿茶屋,而皇家奶茶是为了与当时作为配茶的点心而开发的皇家布丁、皇家巧克力泡芙等相配产生的叫法。它自1965年开始在日本销售,随后作为和制英语[1],在日本传播开来。

第一代皇家奶茶是先用少量热水将阿萨姆红茶泡开,然后倒入牛奶煮制成的。换言之,第一代皇家奶茶就是奶味更浓的奶茶。第三代店主福永贵之说:"完全使用牛奶煮制而成的就是奶味浓郁的皇家奶茶,半水半奶煮制而成的就是奶味清爽的皇家奶茶。店里的皇家奶茶通常是用半水半奶制作的。"

在牛奶中加入茶叶煮制的红茶在印度叫作拉茶,而在英国则被称为炖茶(stewed tea),据说是和菜肴中的炖菜一样,是"炖煮出来的红茶"的意思。

※参考p.78使用阿萨姆CTC红茶制作印度拉茶和奶茶。另外,如p.96所介绍的,斯里兰卡的加奶红茶叫作"奇里帖"。

---

1 指日本原创的类似于英语的词汇。——译者注

英国的奶茶之争：是 MIF 还是 MIA？

英国的奶茶不是加入牛奶煨炖，而是在随泡随饮的红茶中加入牛奶。由于英国的水属于硬水，以硬水泡茶，红茶茶汤容易变黑，味道也容易变差。正是因为这样，才需要在红茶中加入牛奶来中和口味。然而，加牛奶的方法多种多样，于是130年来，英国国内就此一直争论不休。

是先放牛奶的MIF（Milk In First）更美味，还是后放牛奶的MIA（Milk In After）更美味呢？关于这个问题，英国皇家化学协会（Royal Society of Chemistry）在2003年表示：更推荐先放牛奶的MIF。这是因为，比起在红茶中加入牛奶，在牛奶中加入红茶能够有效控制牛奶温度的急速上升，抑制牛奶中蛋白质的热变性[1]，因此MIF更美味。本以为至此MIF和MIA的争论终于有了答案，哪曾想围绕这一结论，各派仍旧固执己见，毫不让步。

顺带说明一下，通常茶汤浓郁、味道香醇的红茶更适合制成奶茶，比如阿萨姆和肯尼亚产的CTC茶、汀布拉和康提产的BOP茶。格雷伯爵中佛手柑的香气和牛奶的结合十分美妙，故而也推荐用于制作奶茶。

如果用非均质的低温杀菌牛奶做奶茶，牛奶中所含的蛋白质就不会发生高温变性。因此，由非均质的低温杀菌牛奶制作而成的奶茶更加美味。

当然，适合自己口味的才是最好的。

---

1 指蛋白质受热后因氢键遭到破坏而发生变化的性质。——译者注

在酒店里享用下午茶

自1840年起，在英国上流社会的贵妇中开始流行起享用下午茶的习惯。据说贵妇们享用下午茶，是因为欣赏戏剧或歌剧时，一般会推迟晚餐时间，所以在晚餐前用下午茶充饥。这一习惯后来传入日本，现在越来越多的女性会到一流酒店的休息厅里，享用司康饼、三明治和蛋糕围成一圈，摆放在三层式茶点架上的下午茶时光。最近许多酒店推出了新的下午茶方案，即将经过严格挑选的单品茶、拼配茶与和式小点心、西式小点心搭配组合。在一流酒店的精心招待下，人们轻松惬意地享用下午茶，谈论着红茶与食物如何搭配组合、茶具如何选择之类的话题，下午茶也因渐渐成为聚会与商务洽谈的重要方式之一而备受瞩目。

将市中心的美景尽收眼底，让人心满意足的英式下午茶

01 帝国酒店，东京
皇家休息厅"水绿"

"水绿"位于帝国酒店本馆17楼。在这里可以一边远眺日比谷公园的美景，一边享用纯正的英式下午茶。帝国酒店提供带有西式汤品与法式小点心的下午茶，不仅有酒店内面包房烘焙的司康饼、奶油圆球蛋糕，还有时令甜点、法式馅饼。休息厅内不仅有红茶、草本茶、咖啡，还有原创冰红茶等，可以在此任意选择喜好的饮品，也能将套餐中的茶品更换成其他茶叶或饮品。

茶品种类

水绿特供拼配茶；阿萨姆单品茶；汀布拉；乌沃；苹果皇后；格雷伯爵；草本茶；原创拼配茶（大吉岭与锡兰红茶）。

茶具

则武（帝国酒店特供款式）。
◇下午茶不限品饮时间
◇可更换茶叶

酒店信息
东京千代田区幸町 1-1-1
电话：03-3539-8186
http://www.imperialhotel.co.jp
下午茶营业时间：11:30—18:00

从本地茶到调味茶，齐聚各种茶叶

02 香格里拉大酒店，东京
大堂休息厅

大堂休息厅位于东京香格里拉酒店的28层。在这个奢华而又雅致的空间里，能够将东京市的全景尽收眼底。在这里，可以一边听着钢琴现场演奏，一边享用正统的下午茶，尽情品味优雅的午后时光。这里不仅全年提供私人定制下午茶，还提供每隔数月就会更换的、使用当季素材制作的季节限定下午茶。

茶品种类

大吉岭单品茶；阿萨姆单品茶；原创格雷伯爵；天然锡兰姜茶；锡兰熙春绿茶；意大利杏仁茶；法国香草玫瑰茶；芒果草莓茶；摩洛哥薄荷茶；茉莉绿茶；纯薄荷；洋甘菊茶；玫瑰果木槿茶；迷迭香薄荷茶；当日推荐红茶。

茶具

则武（东京香格里拉酒店特供款式）。
◇在周末等客人较多的时段，有时会对下午茶的饮茶时间加以限制
◇可更换茶叶

酒店信息
东京千代田区区内 1-8-3 区内 Trust Tower 本馆 电话：03-6739-7877
http://www/shangri-la.com
下午茶营业时间：（工作日）14:00—17:30；（周末·节假日）13:30—17:30

在格调优雅的空间里体验历史悠久的下午茶

03 半岛酒店，东京
大堂茶座

东京半岛酒店是1928年创立的香港半岛酒店的东京分店，继承了香港半岛酒店有传统英国特色的"英式半岛下午茶"套餐。在这里不仅能品尝到酒店原创茶，还能吃到酒店独创的蛋卷冰激凌、三明治和花色小蛋糕。在明亮宽敞的空间里和从露台传来的乐器演奏声中，尽情享受优雅的午后时光吧！

茶品种类

精选拉米克（东京半岛酒店拼配茶*、东京半岛酒店下午茶、东京半岛酒店早餐茶*、阿萨姆、大吉岭、格雷伯爵、麝香葡萄、茉莉、低因咖啡）；

*东京半岛酒店拼配茶，选用斯里兰卡乌沃地区十分有名的艾斯拉比茶园（Aislaby）的白毫和大吉岭茶混合制作而成，既可随泡随饮，也可加入柠檬、牛奶饮用。东京半岛酒店的早餐茶则是以斯里兰卡柯卡沃德茶园的汀布拉茶为基底，混入大吉岭和肯尼亚茶制作而成。

哈尼·桑尔丝精品茶（桂红甘露、舒兰香草、椰子绿茶、赤石乌龙、洋甘菊薰衣草、浪漫巴黎、巧克力薄荷红茶）；草本茶组（胡椒薄荷、洋甘菊、柠檬马鞭草、玫瑰果木槿、治愈套餐、舒缓套餐）。

茶具

盖恩斯伯勒（gainsborough）。
◇下午茶不限品饮时间
◇可更换茶叶

酒店信息
东京千代田区有乐町 1-8-1 1F
电话: 03-6270-27731（大堂茶座）
http://www/peninsula.com/lobbytokyo/jp
下午茶营业时间: 14：30—17:00（最后下单时间）
仅工作日提供预约服务

享用茶艺大师调制的原创红茶

04 丽思卡尔顿，东京
大堂休息厅

在东京丽思卡尔顿酒店的大堂休息厅中，你可以一边享用下午茶，一边从 45 层高楼向外远眺壮观的景色。酒店提供由茶艺大师根据顾客的个人喜好而调配的、包括原创艺术下午茶在内的各式各样的选择。另外，酒店也为 12 周岁以下的孩子提供儿童下午茶，让孩子与大人一起在高雅的氛围中轻松愉快地度过午后时光。

茶品种类

乌沃单品茶；英式早餐茶；原创拼配茶；包括格雷伯爵等 13 种茶品在内的调味茶。

茶具

薇吉伍德（wedgwood）。
◇下午茶限时 2 小时
◇不可更换茶叶

酒店信息
东京都港区赤坂 9-7-1 东京中城　电话：03-3423-8000
http://www.ritz-carlton.jp
下午茶营业时间：12:00—17:00

享用加入了精选香薄荷的下午茶

05 文华东方，东京
东方酒廊

东京文华东方酒店的东方酒廊位于酒店的顶层38楼，你可以在这漂亮的空间里一边眺望东京全景，一边享用正统的英式下午茶。这里有精心研究、挑选而得的香薄荷，使用西点主厨推荐的果酱制作的两种松饼以及美味的小点心。在享用饮品时，客人还可以根据自己的口味和喜好选择甜点与杯子。休息厅中有约20种咖啡和红茶，可供自由选择。

茶品种类

东京文华东方酒店精选：文华东方原创拼配茶（在中国福建顶级乌龙茶中加入佛手柑／柑橘系香料）；异国果园（混合乌龙茶和普洱茶，且带有荔枝）；着香茶（甜橙巧克力、毛里求斯香草、薰衣草、白色桑格利亚）；皇家奶茶（皇家奶茶、皇家香草奶茶）、传统茶[阿萨姆（单品）、锡兰（单品）、大吉岭（单品）、格雷伯爵]、草本拼配茶（玫瑰果、草本混合、洋甘菊）等20种。

＊红茶均可供应冰红茶。

茶具

利摩日[1]（Limoges）烧制的雷诺（ray-naud）瓷器。

◇周末和工作日的窗边坐位限时2小时
◇红茶提供茶杯服务[2]（cup service）

酒店信息
东京中央区日本桥室町 2-1-1
电话: 03-3270-8800
http://www.mandarinoriental.co.jp/tokyo/
下午茶营业时间: 12:00—17:30

---

1 利摩日，法国中南部工商业城市。——译者注
2 茶杯服务: 指酒店可以根据客人的点单需求提供单杯茶水，而非仅提供整壶茶水。

网罗精选茶园茶叶的茶水休息室

06 蓝塔东急酒店，东京
花园休息厅"坐忘"

蓝塔东急酒店的花园休息厅"坐忘"拥有宽敞开放的空间，可以在眺望"闲坐庭"四季更迭的不同景观中，悠闲惬意地度过一段时光。在"坐忘"自助下午茶的2小时内，约有30种下午茶饮料可供免费选择（座位的使用时限为3小时）。在被称为"巡回演出团"的酒店下午茶组中，三层式的点心架上不仅摆放着添加了甜点、奶油、果酱的松饼，三明治类的食品也很丰富。

茶品种类

斯里兰卡（努沃勒埃利耶BOP、乌沃BOP）；非洲清晨；大吉岭（单品）；格雷伯爵；阿萨姆CTC。

茶具

日高骨瓷（Nikko Bone China）、则武、隆福德。

◇下午茶限时3小时
◇可更换茶叶

酒店信息
东京涩谷区樱丘町 26-1　电话：03-3476-3439（坐忘）
http://www.ceruleantower-hotel.com/restaurant/zabou
下午茶营业时间：11:00—17:00

网罗精选茶园茶叶的茶水休息室

07 花园凯悦，东京
顶层休息厅

东京凯悦酒店的顶层休息厅位于酒店41楼，可以在倾泻而下的自然光照里尽情地享用红茶。除了由松饼和三明治组成的传统英式下午茶组，顶层休息厅还提供多种多样的由主厨特制的小点心和手制食物。另外，以马凯巴里茶园完全无农药栽培而得的茶为代表，这里有各种红茶和饮品，可以随心选择自己想要的。

茶品种类

马凯巴利茶园 [银尖（2014年秋、春、夏摘；2013年秋、夏摘），水晶茶（2014年采摘）]；大吉岭 [蔷帕纳（jungpana）茶园2014年秋、夏摘]；阿萨姆（哈提库里茶园2014年采摘）；尼尔吉里（内里洋帕提茶园2013年采摘）；乌沃（修兰斯茶园2014年采摘）；拼配茶（印度产大吉岭茶、阿萨姆茶、斯里兰卡产乌沃的拼配茶）；格雷伯爵（以南印度产的高档茶为基底，加入佛手柑着香）；纯格雷伯爵（以南印度产高档茶为基底，加入纯佛手柑油着香）；脱咖啡因格雷伯爵（印度产脱咖啡因茶，加入佛手柑以着香）。

*茶叶种类根据季节不同而产生变化。

茶具

原创设计。

◇在周末等客人较多的时段，有时会对下午茶的饮茶时间加以限制

◇可更换茶叶

酒店信息

东京新宿区西新宿 3-7-1-2 电话: 03-5323-3461（顶层酒吧）http//restaurant.tokyo.park.hyatt.co.jp

下午茶营业时间: 14:00—17:00（周六周日及节假日仅在正午营业）

红茶的保存方法

红茶的香气细腻而脆弱，如除臭剂般容易吸收其他物品的味道，湿气及阳光也是茶香的大敌。那么，如何让红茶一直保持美味呢？

每次少量购入，
开封后尽快饮用

虽然包装上显示保质期2~3年，但那是在没开封的情况下。开封后的茶叶会因接触空气而氧化，香味和风味会渐渐流失。在高温高湿的日本，比起一次性购买大袋红茶，每次购入小袋是更好的选择。同时，开封后要尽快饮用完毕。

避光保存

光照会损坏茶叶的颜色和风味，是导致红茶品质变差的原因之一。应避开光照强烈的场所，放茶叶的容器也不要选择透明的玻璃罐或塑料袋，而应选择不透光的铝制袋子或罐子。

选择通风良好的
凉爽场所存放

红茶不宜放置在冰箱中、水槽下及燃气灶旁。这是由于冰箱中各种物品混杂，红茶保存在冰箱中容易变味；再者，每次取放的过程中，红茶容易因温差而结霜，产生湿气。另外，在水槽下方这种湿气重的地方存放，也易导致茶叶发霉。还有一点要注意的是，放置在燃气灶边的话，会使红茶罐受热。所以，应该将红茶保存在室内通风良好的场所。

推荐用有封口条的
铝制袋子存放

罐子虽然是不透光的容器，但每次使用都会增加红茶与空气的接触。与之相比，有封口条的铝制袋子具有不透光、使用后可排出袋中空气、价格便宜的优点，故而推荐使用铝制袋子存放茶叶。将装有茶叶的铝制袋子放入罐子、密闭容器、带封口条的密封袋中，是更好的选择。

茶包

将茶包保存在隔绝光和空气的密闭容器中。单个包装的茶包，更适合选择能够长期保持茶叶香气与特色风味的铝制容器，而不是易吸收湿气和异味的纸制容器。

红茶的四轮妙用

珍爱的高级红茶，仅饮用一轮便扔掉，未免也太可惜了。

在这里，教你红茶4个阶段的活用法。

 随泡随饮，品尝味道

 将饮用后的茶叶放入水中熬煮

熬煮后的茶水，可像饮用粗茶般咕咚咚地大口饮用。冷却后的茶水有大麦茶的口感。熬煮的过程中加入生姜，可做成生姜红茶。以茶水漱口，可以用来预防流感。还推荐作为泡澡时的入浴剂，使热水变得柔和。淡淡熬煮而成的红茶，能够代替水，少量加入高汤中，是烹饪料理的良物。红茶爽口的风味和用橄榄油制作的菜肴搭配得很好，芳香的涩味与中华料理也很相配。如果茶叶是柔软的春摘茶，还可以直接食用。总之，熬煮后的红茶既可以饮用，也可以加入料理中，还可以用来制作甜烹海味。

 干燥后作为除臭剂

将干燥后的茶叶用茶袋子装起来（如果是茶包的话，直接干燥就好），放在冰箱、玄关、室内。红茶中含有的茶多酚能够吸收甲醛，是治疗病屋（sick house）症候群的一剂良药。

 返还至土壤

将茶叶埋入花盆中，与泥土充分混合。

- -

● **使用过的茶包**

可以用来擦拭容器的污垢，十分便利。用力地挤掉茶包中的水分后，用来擦拭床沿和缝隙间的灰尘也十分便利。擦拭过后，还会留下清爽的香气。

综上所述，最后仍能发挥效用，让人备感乐趣的，就是红茶。

品茶单

品牌名

茶因名   原产地

采摘时间   等级

饮用方式   冲泡水

购买地

价格   ☆ ☆ ☆ ☆ ☆

味觉表   气味表

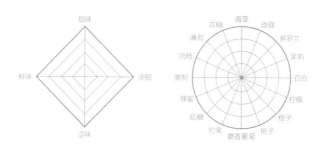

颜色表

金色	海棠色	淡橙色	橙色	橙红色	深红色	茶色

备忘录

品茶单

日期 _____

品牌名 _____

茶园名 _____ 原产地 _____

采摘时间 _____ 等级 _____

饮用方式 _____ 冲泡水 _____

购买地 _____

价格 _____ ☆ ☆ ☆ ☆ ☆

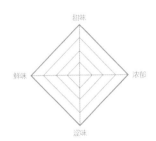

味觉表

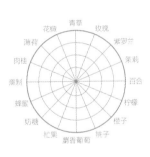

气味表

颜色表

金色	海棠色	淡橙色	橙色	橙红色	深红色	茶色

备忘录

....

....

....

....

....

品茶单

日期 _____

品牌名 _____

茶园名 _____ 原产地 _____

采摘时间 _____ 等级 _____

饮用方式 _____ 冲泡水 _____

购买地 _____

价格 _____ ☆ ☆ ☆ ☆ ☆

味觉表 气味表

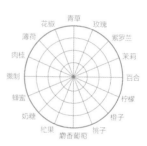

颜色表

釜色	海棠色	淡橙色	橙色	橙红色	深红色	茶色

备忘录
_____
_____
_____
_____
_____
_____

品茶单

品牌名

茶园名 　　　　　　　　　　　　　　　原产地

采摘时间 　　　　　　　　　　　　　等级

饮用方式 　　　　　　　　　　　　　冲泡水

购买地

价格

味觉表

气味表

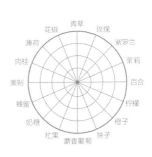

颜色表

金色	海棠色	淡橙色	橙色	橙红色	深红色	茶色

备忘录

品茶单

品牌名 _____

茶园名 _____ 原产地 _____

采摘时间 _____ 等级 _____

饮用方式 _____ 冲泡水 _____

购买地 _____

价格 _____ ☆ ☆ ☆ ☆ ☆

味觉表	气味表

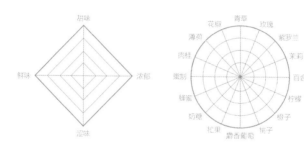

颜色表

金色	海棠色	淡橙色	橙色	橙红色	深红色	茶色

备忘录